U0152678

基谢廖夫算术

［苏］基谢廖夫 著　　程晓亮 徐 宝 郑 晨 译

哈爾濱工業大學出版社
HARBIN INSTITUTE OF TECHNOLOGY PRESS

内 容 简 介

本书主要讲述了抽象整数、带有单位的数量、数的可整除性、普通分数、小数、比和比例等内容,语言通俗易通;结构上划分七章,并从最基础的"理解数字"开始,又划分多个知识点,递进式讲述,衔接连贯.每章节在描述时,有的会配有具体例子参考,不脱离实际操作,使读者更快速掌握知识,也能够激发读者的阅读兴趣,启迪思维,提高对算术的认识.

本书适用于中小学师生、数学相关专业的学生以及对算术有专研精神的兴趣爱好者参考阅读.

图书在版编目(CIP)数据

基谢廖夫算术/(苏)基谢廖夫著;程晓亮,徐宝,郑晨译. —哈尔滨:哈尔滨工业大学出版社,2024.5
ISBN 978 - 7 - 5767 - 1329 - 9

Ⅰ.①基…　Ⅱ.①基…②程…③徐…④郑…　Ⅲ.①算术　Ⅳ.①O121

中国国家版本馆 CIP 数据核字(2024)第 073562 号

策划编辑	刘培杰　张永芹	
责任编辑	关虹玲　穆方圆	
封面设计	孙茵艾	
出版发行	哈尔滨工业大学出版社	
社　　址	哈尔滨市南岗区复华四道街 10 号　邮编 150006	
传　　真	0451 - 86414749	
网　　址	http://hitpress.hit.edu.cn	
印　　刷	哈尔滨久利印刷有限公司	
开　　本	787 mm×1 092 mm　1/16　印张 11.5　字数 118 千字	
版　　次	2024 年 5 月第 1 版　2024 年 5 月第 1 次印刷	
书　　号	ISBN 978 - 7 - 5767 - 1329 - 9	
定　　价	48.00 元	

目 录

第1章　抽象整数

第1节　计数系统

§1　理解数字

一个对象和另一个对象组成两个对象;两个对象和另一个对象组成三个对象;三个对象和另一个对象组成四个对象,……,这里的一、二、三、四、…… 称为整数. 这里的一个对象可抽象为数1,每个除1之外的整数,都可以看成是由1生成的.

如果一个数的后面带有指代的对象,比如"5支铅笔",此时5就是一个有具体意义的数;如果一个数的后面不带有指代的对象,那么这个数是抽象的,比如"数5".

在本书的开始,首先讨论整数.

§2　自然数序列

如果在数1上加1,在得到的数上再加1,然后在这个数上再加1,依此类推,将得到一个自然数序列:1,2,3,4,5,6,7,….

在这个自然数序列中,最小的数是1,没有最大的数. 因为对于一个数,无论它多么大,都可以再加1,也就是说自然数序列是无限的.

§3　计数

要想对由研究对象所组成的集合有更清晰的认识,就必须对它们进行计数.当我们将一个对象与另一个对象(在现实中或在心里)分开时,就可以称每一个被分开的对象所指代的那个数.

例如,当我们在教室里数桌子时,在心里把一张桌子和另一张桌子分开,然后对每张桌子进行计数:1,2,3,4,….

为了能够数到任意大的数,则要对数进行命名,用自然语言命名数的方式称为口头计数或编号,用特殊的书面符号来表达数的方式称为书面计数或编号.我们先熟悉一下一千以内的数的计数,然后再掌握其他数的计数方法.

§4　从一数到千

前十个数的名称如下:一,二,三,四,五,六,七,八,九,十.

利用这些名称可以将其他数都命名出来.

例如,图 1 一共有多少条线?

图 1

首先数十条线,将它们与剩下的分开;然后再数十条,将它们再与剩下的分开;继续数十条,直到数完所有的线,或者剩余的线少于十条.

现在来数一下有几个十条线和几条剩余不足十条的线.由于有四个十条和三条剩余的线,则线的数量为四个十,三个一.当十的数量超过十个时,我们的做法和上述一样,即先数十个十,然后接着数十个十,再数十个十,依此类推,直至数完所有的线.

这里,十个十使用了一个新的名称 —— 百. 比如,一个数有三个百,五个十,七个一,则可称它为三百五十七. 当一个数中百的数量超过十个时,引入一个新的名称 —— 千.

§5　数的简化读法

为了简化数学语言,引入数的简化读法.

例如,十和一读作十一;十和二读作十二;等等.

两个十读作二十;三个十读作三十;四个十读作四十;等等.

两个百读作二百;三个百读作三百;等等.

§6　数的写法

利用前九个数 $1,2,3,4,5,6,7,8,9$ 和数 0,可以把其他的数表示出来.

约定:从右边开始的第一位是个位,第二位是十位,第三位是百位,…….

例如,三百四十五写作 345,三百四十写作 340,三百写作 300,三百零五写作 305.

注意:零不能写在数的最左侧,因此,不能写 0024 而是写 24,数 2 在从右边起第二位,数 4 在从右边起第一位,这里 2 表示 2 个十,4 表示 4 个一.

所有除零之外的数,都表示相应数量的一,十,百,等等. 由一个数字表示的数称为一位数,由两个数字表示的数称为两位数,由多个数字表示的数称为多位数.

§7　计数超过千的数

当有数千个对象时,我们也要对它们进行计数,并对这些数进行命名.

例如,240 个千,562 个一;1000 个千是一百万;1000 个万是一千万;1000 个十亿是一万亿;等等.

通过这样的方式,能得到这样的数:一百八十亿三十四万九千五百一十六.

§8　复合单位和主要单位

个、十、百、千、万、十万、百万、千万、亿、十亿等称为复合单位,其中个、千、百万、十亿、万亿是主要单位.

复合单位的数量都是主要单位的数十个或数百个.

§9　大于一千的数的书面命名方式

当一个数为三百五十亿八百零六百万七千零六十三时,它可以用文字表示为:35 十亿 806 百万 7 千零 63,或者表示为数 35'806'7'63.

在这里,从右边开始,第一个逗号表示"千",第二个逗号表示"百万",第三个逗号表示"十亿";等等.

例如,15'36'801 表示:15 个百万,36 个千,801 个一;3'3'205'1 表示:3 个十亿,3 个百万,205 个千,1 个一.

§10　这种记法有许多不便之处

例如,在表达式 4'57'8 中,如果所用的逗号被省略,只剩下数 4578,在这种情况下,我们不可能读懂这个数,因为我们不知道哪些数代表百万,哪些数代表千,哪些数代表一. 为了避免这种情况和其他不必要的麻烦,数的表达方式应使两个相邻的逗号之间总有三个数字.

例如,这个数不写为 4'57'8,而写成 4'057'008. 在这种情况下,逗号变得毫无用处,即使没有逗号,我们也知道,从右开始的三位数代表一数,接下来的三位数代表千数,接下来的三位数代表百万数;等等.

例如,567'002'301 表示 567 个百万,2 个千,301 个一;2'008'001'020 表示 2 个十亿,8 个百万,1 个千,20 个一;15'000'026 表示 15 个百万,26 个一;等等.

§11　读数

为了读出一长串的数,例如,5183000567000,我们尽量从右边依次分开三个数,即 5'183'000'567'000,从右开始,第一个逗号表示"千",第二个逗号表示"百万",第三个逗号表示"十亿",第四个逗号表示"万亿",则这个数表示 5 个万亿,183 个十亿,567 个千.

在这种写法中,每个位置上的数字有特殊的含义,如表1.

表1

右边第一个数字	个
右边第二个数字	十
右边第三个数字	百
右边第四个数字	千
右边第五个数字	万
右边第六个数字	十万
右边第七个数字	百万
右边第八个数字	千万
右边第九个数字	亿
右边第十个数字	十亿

§12　数字的双重含义

所有的数都是用 0,1,2,3,4,5,6,7,8,9 这 10 个数字来表示的,这些数字具有双重含义,不仅取决于数字的大小,还取决于其所在的位置,即同一个数字在两个相邻的位置时,左边位置的数是右边位置的数的 10 倍.

§13　数字单位的阶数

用于计数的单位划分为不同的阶数:"个"是第一阶单位,"十"是第二阶单位,"百"是第三阶单位;等等.

一个大单位与一个小单位相比,称为高阶单位;与一个更大的单位相比,称为低阶单位.

例如,百位与十位相比是高阶单位,百位与千位相比是低阶单位,每个高一阶单位中有 10 个下一阶单位. 比如,十万表示 10 个万,万万表示 10 个千万;等等.

对单位进行分组,第 1 类:个、十、百;第 2 类:千、万、十万,依此类推.

§14　一个数中有多少个特定单位

例如,56284 中有多少个百,也就是这个数的万位数、千位数和百位数加起来有多少个百.

推理如下:数字 2 在百位,表示这个数中有 2 个百;数字 6 在千位,即 60 个百;数字 5 在万位,即 500 个百,所以一共有 562 个百. 用同样的方法可以得到这个数中一共有 5628 个十. 因此,要想知道一个数中有多少个特定单位,需要去掉特定单位后面的数字,然后读出剩下的数即可.

第 2 节　其他计数系统

§15　十进制

在十进制系统中,10 个低阶单位组成了更高一阶的单位.

因此,数 10 是十进制计数系统的基数,这个系统中的每个数 N 都被分解成几个一,几个十,几个百,几个千等,每个单位的数量都小于 10 个.

假设数 N 中有 a 个一, b 个十, c 个百, d 个千等,那么这个数在十进制系统中就表示一个和,即数 $N = a + 10b + 10^2c + 10^3d + \cdots$(其中每个数 $a, b, c, d, \cdots$ 都小于 10). 在其他系统中也有被作为基数的数,用其来表示其他的数.

例如,如果以数 5 为基数,那么会得到一个含有 5 个数的系统. 在这个系统中, 5 个低一阶的单位构成了下一个高阶单位.

因此,在五进制计数系统中,第二阶单位代表 5,第三阶单位代表 5^2,第四阶单位代表 5^3;等等. 在这个系统中,数 $N = a + 5b + 5^2c + 5^3d + \cdots$(其中每个数字: $a, b, c, d, \cdots$ 都小于 5).

如果用这个系统来计数,只需对前五个数进行命名即可.

§16　在十进制系统中,用 10 个符号来表示数

在不同的计数系统中,需要不同数量的符号.

例如,五进制系统需要以下 5 个数字:1,2,3,4,0. 确切地说,在这个系统中,数 5 是第二阶单位,表示成五进制数 10;数 6 是一个第二阶单位和一个第一阶单位,表示成五进制数 11;等等.

那么在一个基数超过 10 的计数系统中,0,1,2,3,4,5,6,7,8,9 这 10 个数字就不够了.

例如,对于十二进制系统,必须为数 10 和 11 规定特殊的符号,以便用它们来表示其他的数.

§17　十进制数改写成其他进制数

例如,将十进制数 1766 用五进制表示.

首先求得 1766 中有多少个 5,有 353 个 5,还剩 1,所以第一阶数字是 1;同样,353 中有 70 个 5,还剩 3,所以第二阶数字是 3;70 中有 14 个 5,没有剩余的

数,所以第三阶数字是 0;14 中有 2 个 5,还剩 4,所以第四阶数字是 4;最后找出 2 中有几个 5,发现没有,还剩一个 2,所以第五阶数字是 2.

因此,十进制数 1766 用五进制表示为 24031.

$$
\begin{array}{r|l}
1766 & 5 \\
\hline
26 & 353 \;|\; 5 \\
16 & 3 \quad 70 \;|\; 5 \\
1 & \quad\; 20 \quad 14 \;|\; 5 \\
& \qquad\quad 0 \quad\; 4 \quad 2
\end{array}
$$

例如,十进制数 121380 用十二进制表示. 这里,用 a 表示数字 10,用 b 表示数字 11,则这个数表示为 $5a2b0$.

$$
\begin{array}{r|l}
121380 & 12 \\
\hline
13 & 10115 \;|\; 12 \\
18 & 51 \quad 842 \;|\; 12 \\
60 & 35 \quad\; 2 \quad 70 \;|\; 12 \\
0 & \;\; 11 \qquad\quad 10 \quad 5
\end{array}
$$

§18 逆向问题

如何用十进制表示其他进制的数.

例如,将八进制数 5623 转化为十进制数. 这个问题可通过公式来解决,即 $N = 3 + 2 \times 8 + 6 \times 8^2 + 5 \times 8^3 = 2963$.

但更简单的方法如下:首先,将第四阶单位转化为第三阶单位,用 5 乘以 8(因为第四阶上的数包含在八进制系统中),等于 40,然后加 6 是 46;接着把第三阶上的数转化为第二阶上的数,用 46 乘以 8,等于 368,再加 2 是 370;然后把第二阶上的数转化为第一阶上的数,用 370 乘以 8,等于 2960,再加 3,最后等于 2963.

如果一个非十进制数需要用另一个非十进制表示,那么先把这个数表示成十进制,然后再把这个数表示成另一种非十进制.

§19　十进制在大多数国家是普遍的

许多人认为十进制普遍的原因是:每个人从童年开始就习惯于用 10 根手指计数. 然而,十进制计数并不总是最方便的,十二进制会更方便,它不需要大量的数字,除此之外还有一个重要的性质,即它的基数能被 2,3,4,6 整除而没有余数,而十进制的基数只能被 2 和 5 整除.

而二进制从理论上看是方便的,但在实际应用中却一点也不方便. 因为在这个系统中,即使是一个较小的数也要用一长串数来表示,例如,数 70 表示为1000110.

但是,无论十进制系统有什么缺点,它都因其古老和普遍而根深蒂固,用其他系统取代它已经是不可能的了. 此外,新的计数系统需要重新修订按十进制系统书写的书籍和表格,这将是一项几乎不可能完成的任务.

我们使用的数和计数系统是欧洲人从阿拉伯人那里带来的(在 13 世纪初). 这就是为什么这些数被称为阿拉伯数字,但也有理由认为,阿拉伯人是从印度人那里学来的计数系统.

第 3 节　加　　法

问题:一个盒子里原来有 5 根火柴,先放入 7 根火柴,再放入 2 根火柴. 现在盒子里一共有多少根火柴?

盒子里有 14 根火柴,数 14 是由 5,7 和 2 三个数加起来得到的一个新数.

§20　数的加法运算

两个、三个或更多的数加到一起得到一个新数,这个新数称为它们的和,这种运算称为加法运算.

反言之,通过加法运算,可以得到几个数的和. 在此运算中,得到的结果称为和,它由两个、三个或更多个数相加得到,和包含了各个数.

注意:"7 加 3" 和"找到 7 与 3 的和"两种表达含义相同.

§21 和的基本性质

和的结果与加数的顺序无关. 例如,在求 5,7 和 2 的和时,可以用 7 先加 2 再加 5,或者用 2 先加 7 再加 5,或者用 2 加 5 再加 7. 同样也可以这样求,数 7 加上数 5 的一部分,然后把剩下的数一个一个地加上去,或者两个两个地加上去,或者用其他方式,都会得到相同的结果.

§22 一位数加一位数

如果要求两个一位数的和,那么需将一个数加到另一个数上. 例如,5 个一和 7 个一相加,和为 12 个一,即运算结果是 12.

为了能够快速得出其他加法运算结果,你需要记住所有两个一位数相加的结果.

§23 多位数加一位数

例如,37 加 8. 此运算可以从 37 中拿出数 7,7 加 8 得到 15. 然后把 15 加到剩余的数 30 上,而 15 等于 10 加 5,所以 10 加 30 得到 40,再用 5 加 40,得到 45.

同样也可以这样做:从 8 中取出 3,与 37 相加,得到 40,再把 8 中剩余的 5 与 40 相加,得到 45. 我们要习惯在心里做这些事情,而且要快速得出结果.

§24　多位数加多位数

例如,计算下面四个数的和:13653,22409,1608 和 346.

$$
\begin{array}{r}
13653 \\
22409 \\
1608 \\
+\ \ \ \ 346 \\
\hline
38016
\end{array}
$$

要求这个运算,我们要把所有数加起来,先是它们的个位,然后是十位,然后是百位;等等.

为避免不同的单位混在一起,首先把这些数依次写成一列,个位与个位对齐,十位与十位对齐,百位与百位对齐;等等,然后在最后一个数下面画一条横线.

接着将个位数相加,得到26,即2个十和6个一,记住2个十,并把它加到十位数上,将6个一写在横线下个位位置;再将十位数相加,得到9个十,再加上个位数相加得到的2个十,得到11个十,即1个百和1个十,记住这1个百,并把它加到百位数上,把1个十写在横线下十位位置;接着将百位数相加,得到20个百,也就是2个千,记住这2个千,并把它加到千位数上,并在百位的横线下写上0,然后继续以这种方式进行运算.

如果每个单位上数的总和不超过9,加法的运算顺序不重要,可以从低位到高位,或者反之.在其他情况下,从最高位数开始进行加法运算是不方便的,高位数可能会受低位数的影响,就需要改变先求出的高位数.

§25　加法法则

在最后一个数下面画一条横线,把每个单位上的各个数相加的结果写在下面,即个位写在个位的下面,十位写在十位的下面,百位写在百位的下面;等等.

如果相加的结果是一位数,就直接把它写在横线的下面;如果相加的结果是两位数,就把它的个位写在横线的下面,十位数再与下一个高阶单位相加,依此类推;等等.

§26　多个数的加法运算

如果需要对多个数进行加法运算,通常将其分成几组,分别对每组进行加法运算,然后将各组的和加在一起.

下面对10个数进行加法运算:286,35,76,108,93,16,426,576,45,72. 将这些数分成三组,分别求每组的和,即1396,204,133,然后再求和.

第1组	第2组	第3组	
286			
108	35	16	
426	93	45	
576	76	72	
1396	204	133	1733

§27　加法运算的检验

为了确保运算结果的正确性,需要重复操作上述过程. 为了验证加法运算的结果,通常以不同于第一次的顺序进行第二次求和,若第一次与第二次相加的结果相同,那么得到的结果就更有可能是正确的.

§28　一个数加另一个数

一个数加另一个数意味着将另一个数加到原来的数上. 例如,80 加 25,就是将 25 加到 80 上,也就是要找到 80 和 25 的和.

第4节　减　　法

问题:一个盒子里有17 根火柴,从中取出 9 根火柴,盒子里还剩多少根火柴?解决这个问题,即找出一个数,使它与 9 相加,结果等于 17.

§29　减法运算

减法是一种运算,即用给定的和与一个加数来寻找另一个加数.

因此,17 减 9 表示给定一个和 17 与一个加数 9,求另一个加数 8. 换句话说,也就是求哪个数与 9 相加,等于 17.

这种运算方式称为减法运算,它用来求一个较大的数减去一个较小的数还剩多少. 因此,由和 17,加数 9,求得另一个加数是 8. 在减法运算中,这个"和"称为被减数,"加数"称为减数.

例如,17 减 9,17 是被减数,9 是减数,8 是差. 差可以理解为一种差异,它表示一个数(被减数)与另一个数(减数)之间的差异.

注意:被减数不能小于减数,就像加数不能小于和一样,因此,不能从 17 中减去 20;若减数等于被减数,则差为 0,比如 17 减 17 等于 0. "9 比 17 少多少"与"17 减 9"意思相同.

§30　减数是一位数

两位数减一位数,通过加法运算很容易找到结果,例如,15 减 8. 尝试把不同的数加 8,直到得到 15,发现 8 加 7 等于 15,所以 15 减 8 等于 7.

§31　减数是多位数

例如,60072 − 7345. 按照顺序,即个位减去个位,十位减去十位,等等.

具体步骤如下:减数个位上的 5 不能从被减数个位上的 2 中减去,因此从 7 中借 1 个十,将其分解成 10 个一,然后加到 2 上,即 12,要记住此时十位数字变为 6.

为方便运算,在 7 上面加一个点,12 减 5 等于 7,在横线下个位位置写上 7,

13

6 减去 4 等于 2,在横线下十位位置写上 2.

由于 3 个百不能从 0 个百中减去,就转向更高的单位,即千位,借 1 个千,将其分解成 10 个百,但被减数中没有千位,只能再到下一个更高的单位,即万位,也就是说如果没有千位,应该继续寻找万位,等等.

在 6 个万中,取其中的 1 个万(即在数 6 上加一个点)并将其改写为千,即 10 个千. 从 10 个千中,取其中的 1 个千并将其分解为 10 个百,从而得到 10 个百,9 个千,5 个万,在千位的数字 0 上方加一个点,并假设带点的 0 表示 9.

现在继续做减法运算,10 个百减 3 个百等于 7 个百,9 个千减 7 个千等于 2 个千,最后 5 个万减 0 个万,还是 5 个万,没有任何变化(最终如下表示).

$$
\begin{array}{r}
\overset{\cdot\,\cdots}{60072} \text{（被减数）}\\
-\quad 7345 \text{（减数）}\\
\hline
52727 \text{（差）}
\end{array}
$$

又例如

$$
\begin{array}{rr}
6\overset{\cdots\cdots}{000227} & 5\overset{\cdots}{00000}\\
-\ 4320423 & -\ 17236\\
\hline
1679804 & 482764
\end{array}
$$

注意,从低位到高位进行减法运算是方便的,按照这个顺序,总可以从被减数的高阶单位中取出一个加到下一阶单位上.

§32 减法法则

将减数写在被减数的下面,使其个位与个位对齐,十位与十位对齐,等等,在减数下面画一条横线. 首先个位减个位,然后十位减十位,接着百位减百位,依此类推.

通过减法运算得到的差写在横线的下面,当个位与个位相减时,差写在个位位置上,依此类推得到十位,百位,等等. 如果被减数中某个位置上的数字小于减数相应位置上的数字,那么在被减数的高位上借 1 个数(在这个数字上加一个点),然后再进行下一步减法运算,数字上方的点使其数值减少 1,0 上方的点使其变成 9,带点数字右边的数字增加 10.

§33　减法运算的检验

由于被减数是加法运算中的和,而减数与差是加法运算中的加数. 为检验减法运算的正确性,只需将差加减数,如果这个和与被减数相等,减法运算就有可能是正确的.

§34　两个数比较大小

我们经常需要求一个数比另一个数大或小多少的问题,可以用两个数中较大的数减去较小的数. 例如,要想知道 20 比 35 少多少(或 35 比 20 多多少),35 减 20 等于 15,即 20 比 35 少(或 35 比 20 多)15.

§35　逆运算

若第一个运算求得的数是第二个运算给出的数,并且第一个运算给出的数是第二个运算求得的数,则这两个运算称为一对互逆运算. 加法运算和减法运算是一对互逆运算.

第 5 节　罗 马 数 字

§36　罗马数字

我们经常会使用罗马符号来表示数字,熟悉一下罗马符号是有用的.

罗马人只用以下七个符号来表示数字:Ⅰ = 1,Ⅴ = 5,Ⅹ = 10,L = 50,

C = 100, D = 500, M = 1000.

他们表达数字的方式与我们明显不同. 在我们的表达方式中,数字随着位置的变化会改变其含义. 而在罗马数字中,每一个位置的数字都保持其原有意义不变. 当几个罗马数字并排书写时,它表示的数字等于每个数字所表示的数之和.

例如, X X V 是 10,10 和 5 的和,即 25;CL X V 是 165;等等.

但也有例外,例如下面的数字:4 = IV,9 = IX,40 = XL,90 = XC,400 = CD,900 = CM. 在这些数字中,左边的数被表示成右边的罗马数字.

有了这些规则,下面数的表示法就可以理解了.

I = 1, II = 2, III = 3, IV = 4, V = 5, VI = 6, VII = 7, VIII = 8, IX = 9, X = 10, XI = 11, XII = 12, X IV = 14, X VIII = 18, X IX = 19, X X = 20, X X IX = 29, XL II = 42, L X X X IV = 84, X C V = 95, CCC = 300, DC = 600, DCC = 700, MDCCCL X X X IV = 1884.

16

千位数的表示方式是在右下角加上字母 *m*. 例如,CL X X X$_m$CCCL X IV = 180364.

第6节　改变数的大小与总和的变化

§37　所有加数的总和

显然,在加法运算中,若加数加上一个数,总和将增加相同的数;若加数减去一个数,总和将减少相同的数.

73	73	73
18	20（加 2）	18
+ 40	+ 40	+ 30（减 10）
131	133（加 2）	121（减 10）

这些性质可以运用在加法运算中,例如,427 加 68,先用 427 加 70,而不是 68(等于 497),然后 497 减 2(等于 495),即 427 加 68 等于 495.

§38　如果改变运算中的某个数,总和有时增加,有时减少,有时保持不变

为了预测总和会发生什么变化,首先假设第一个数改变,然后是第二个,然后是第三个.

第一个数 30 增加 10,总和将增加 10;第二个数 25 增加 5,总和将再增加 5,即总和增加 10 和 5,即增加 15;第三个数 75 减少 8,总和将减少 8,即增加的 15 减去 8 等于 7,因此最后结果是 137.

30	(增加 10)	40
25	(增加 5)	30
+ 75	(减少 8)	+ 67
130		137

§39　口算加法时,这种方法是有用的

例如,当我们要对 31,28 和 31 求和时(1 月,2 月和 3 月的天数),取而代之用 3 个 30 相加,得到 90.

因为第一个数和第三个数都减少 1,第二个数增加 2,结果没有发生变化,所以最后求出的结果是正确的.

由于被减数、减数、差都是数,类似地,容易看出:如果被减数增加一个数,那么差增加相同的数;如果被减数减去一个数,那么差减少相同的数;如果减数增加一个数,那么差减少相同的数;如果减数减去一个数,那么差增加相同的数.

这些性质可以用在减法运算中.例如,在 75 减 28 中,先用 75 减 30 等于 45,然后 45 再加 2 等于 47.

§40　如果同时改变被减数和减数,差有时增加,有时减少,也可能保持不变

例如

50	(增加 10)	60
−15	(增加 15)	−30
35		30

当被减数增加 10,差增加 10;当减数增加 15,差减少 15.这意味着差先增加 10,然后减少 15,因此差减少了 5,结果为 30.

注意:尽管被减数与减数都改变,但差也有不变的情况:

如果你将被减数和减数增加相同的数,差不变;如果你将被减数和减数减去相同的数,差不变.

例如

50	(增加 10)	60	(减少 10)	40
−15	(增加 10)	−25	(减少 10)	− 5
35		35		35

第7节　运算符号、括号、算式

§41　运算符号

我们经常把不同种类的运算写在一起进行运算,因此要使用一些符号来区分不同种类的运算.

注意:加号表示加法运算,减号表示减法运算.有时在不实际做运算的情况下,只用运算符号表示对数进行了何种运算.

例如

446	446
+ 235	− 235
681	211

例如,三个数 10,15 和 20 进行加法运算时,先将这些数写在一行,并在它们之间写一个加法符号"+",即"10 + 15 + 20".

由于加法运算的和不取决于数的顺序,所以数的顺序并不重要. 如果一个数减另一个数,那就将被减数和减数写在同一行,并在它们之间写上一个减法符号"−". 因此,"10 − 8"表示 10 减 8.

"10 + 15 + 20"表示 10 加 15 再加 20 或者 10,15 和 20 三个数的和;"10 − 8"表示 10 减 8 或者 10 与 8 的差.

对一些数进行加减运算时要按照运算的顺序来写. 例如,"10 + 15 − 2"表示 15 先加 10 再减 2,等于 23.

§42　等于符号和不等于符号

在运算中使用符号" = "" > "" < "表示数之间的关系." = "表示"等于"关系,可以理解为"相等";" > "" < "表示不等关系," > "表示多于或大于," < "表示少于或小于.

例如,7 + 8 = 15,7 + 8 > 10,7 + 8 < 20,可读作:7 加 8 等于 15;7 加 8 大于 10;7 加 8 小于 20. 注意,符号" > "和" < "开口方向指向两者中较大的数字.

§43　括号和算式

当解决运算问题时,需要明确对数进行了何种运算及以何种顺序进行,这对结果是有影响的.

例如,先将 35 与 20 相加,然后从 200 中减去这个和. 我们要写成"200 −

(35 +20)". 这里,35 + 20 写在括号里,前面写上减号"−",表示 200 减去(35 + 20).

有时需要把带括号的表达式再放到新的括号中,在这种情况下,就要用不同种类的括号加以区分.

例如,100 + {160 − [60 + (7 + 8)]}. 此式表示 7 和 8 相加(等于 15),接着 60 加 15(等于 75),然后 160 减 75(等于 85),最后 85 加 100(等于 185).

注意:对一些数进行哪些运算及以何种顺序运算来获得结果的运算过程称为"算式". 算式的作用就是在执行算式中的所有步骤后得到最终的结果.

第 8 节 乘 法

问题:一本笔记本是 7 戈比,那么四本笔记本多少戈比?

上述问题可以转化为求加法运算"7 + 7 + 7 + 7"的和,即 4 个 7 相加是多少.

§44 定义

乘法是一种运算,通过这种运算,使几个相同的数加在一起,得到一个确定的数.

所以,7 乘以 4 是将 4 个 7 相加,乘法运算的结果与加法"7 + 7 + 7 + 7"相同.

因此,乘法运算可以理解为将相等的数加在一起,可通过加法运算得到乘法运算的结果. 但加法运算的过程是非常烦琐的,而乘法运算更方便简洁,并且通过乘法运算可以得到与加法运算相同的结果.

在乘法运算中,重复求和的数称为被乘数,而这个数重复了多少次,这个次数称为乘数,得到的结果称为积.

例如,7 乘以 4,7 是被乘数,4 是乘数,28 是积.

在乘法运算中,用乘法符号来连接被乘数和乘数,7 乘以 4 可以写成两种形式:7 × 4 或 7 · 4. 即在被乘数右边先写上一个斜十字或点,然后再写上乘数,这种记法取代加法运算形式"7 + 7 + 7 + 7".

注意:(1) 被乘数可以是一个抽象的数,无实际意义;被乘数也可以具有实际意义,带有单位,例如英寸①、卢布②等;积的单位与被乘数的单位相同. 因此, 7 卢布乘以 4,是 28 卢布.

(2) 如果被乘数是 1,那么积与乘数相同.

例如,$1 \times 5 = 5$ 与 $1 + 1 + 1 + 1 + 1 = 5$ 的结果相同.

(3) 如果被乘数是 0,那么积是 0.

例如:$0 \times 5 = 0$,因为 $0 + 0 + 0 + 0 + 0 = 0$.

§45　一个数扩大数倍

将一个数扩大 2 倍、3 倍、4 倍等,就是将这个数重复相加 2 次、3 次、4 次.

例如,10 扩大 5 倍是 5 个 10 相加,也就是 10 乘以 5. 因此,一个数扩大不足 1 倍通过加法运算实现,而扩大多于 1 倍可以通过乘法运算实现的.

§46　积的结果

例如,任取两个数 50 和 36,求 50 乘以 36.

这个乘法运算可以通过加法运算得到,即 $50 + 50 + 50 + \cdots$(36 个 50 相加).

由于加法的结果不取决于加数的顺序,所以按下面的方式可以求出结果: 在加法运算中取出一个 36,再取出一个 36,得到两个 36;第三次再取出一个 36, 我们可以取 50 次. 在整个运算过程中,一共有 50 个 36.

即 $50 + 50 + 50 + \cdots$(36 个 50 相加) $= 36 + 36 + 36 + \cdots$(50 个 36 相加), 即 $50 \times 36 = 36 \times 50$.

因此,在乘法运算中,交换被乘数和乘数的位置,积不变. 因此,在以后的讨论中,被乘数和乘数不做区分.

_____

① 　1 英寸 $= 0.0254$ 米.

② 　卢布是俄罗斯流通货币.

§47 一位数乘以一位数

7 乘以 3,就是 3 个 7 相加,可以通过加法运算来完成,即 $7 \times 3 = 7 + 7 + 7 = 21$. 为了快速进行乘法运算,需要记住一位数乘以一位数的结果,表 1 给出一位数乘以一位数的乘法表.

表 1

$2 \times 2 = 4$	$2 \times 3 = 6$	$2 \times 4 = 8$	$2 \times 5 = 10$
$3 \times 2 = 6$	$3 \times 3 = 9$	$3 \times 4 = 12$	$3 \times 5 = 15$
$4 \times 2 = 8$	$4 \times 3 = 12$	$4 \times 4 = 16$	$4 \times 5 = 20$
$5 \times 2 = 10$	$5 \times 3 = 15$	$5 \times 4 = 20$	$5 \times 5 = 25$
$6 \times 2 = 12$	$6 \times 3 = 18$	$6 \times 4 = 24$	$6 \times 5 = 30$
$7 \times 2 = 14$	$7 \times 3 = 21$	$7 \times 4 = 28$	$7 \times 5 = 35$
$8 \times 2 = 16$	$8 \times 3 = 24$	$8 \times 4 = 32$	$8 \times 5 = 40$
$9 \times 2 = 18$	$9 \times 3 = 27$	$9 \times 4 = 36$	$9 \times 5 = 45$
$2 \times 6 = 12$	$2 \times 7 = 14$	$2 \times 8 = 16$	$2 \times 9 = 18$
$3 \times 6 = 18$	$3 \times 7 = 21$	$3 \times 8 = 24$	$3 \times 9 = 27$
$4 \times 6 = 24$	$4 \times 7 = 28$	$4 \times 8 = 32$	$4 \times 9 = 36$
$5 \times 6 = 30$	$5 \times 7 = 35$	$5 \times 8 = 40$	$5 \times 9 = 45$
$6 \times 6 = 36$	$6 \times 7 = 42$	$6 \times 8 = 48$	$6 \times 9 = 54$
$7 \times 6 = 42$	$7 \times 7 = 49$	$7 \times 8 = 56$	$7 \times 9 = 63$
$8 \times 6 = 48$	$8 \times 7 = 56$	$8 \times 8 = 64$	$8 \times 9 = 72$
$9 \times 6 = 54$	$9 \times 7 = 63$	$9 \times 8 = 72$	$9 \times 9 = 81$

记忆此表的方法:$2 \times 2 = 4$,二二得四;$3 \times 2 = 6$,二三得六;$3 \times 5 = 15$,三五十五;等等. 我们只需记住那些经常使用的乘法运算结果就可以了.

§48　多位数乘以一位数

例如 864×5，按以下步骤进行运算：先写被乘数，在其下面写乘数，在乘数下画一条横线，将乘法符号写在乘数的左边，横线的下面写积.

$$
\begin{array}{r}
846 \\
\times \quad 5 \\
\hline
4230
\end{array}
$$

846 乘以 5 和 5 个 846 相加的结果相同.

运算过程如下：先将个位数 6 乘以 5，然后十位、百位分别乘以 5，可以根据乘法表得到乘积.

5×6 等于 30，即 3 个十，所以在个位上写 0，并记住有 3 个十；5×40 等于 200，即 2 个百，所以在十位上写 3，并记住有 2 个百；5×800 等于 4000，即 4 个千，所以在百位上写 2，在千位上写 4. 因此，846 乘以 5 等于 4230.

23

§49　多位数乘以一位数的乘法法则

先写被乘数，在其下面写乘数，然后画一条横线. 根据乘法表，被乘数的个位乘以乘数，若积是一位数，就写在个位位置上；若积是两位数，就把十位数记下来，把个位写在下面.

然后计算被乘数的十位乘以乘数，并用得到的数加上第一步得到的十位数，若是一位数，就把它写在线下的十位位置；若是两位数，那么就把百位数记下来，把十位数写在横线下. 以同样的方式，被乘数的百位乘以乘数，然后是千位；等等. 当被乘数的最高位乘以乘数时，并加上一步乘法运算得到的低一阶单位的数，将其直接写在横线下的相应位置即可.

§50　被乘数乘以 1，乘以 10，乘以 100，乘以 1000（带零的数）

例 1　358×10.

358 乘以 10 就是 10 个 358 相加，也就是 10 个 8 相加，10 个 50 相加，10 个 300 相加，然后把得到的结果加到一起，等于 3580.

例2 296 × 1000.

1000 个 1 相加等于 1000,那么 1000 个 296 相加等于 296000.

因此,一个数乘以 10,只需将乘数中的零放到这个数的最右边位置即可.

§51 一个数乘以一个以零结尾的数

例1 248 × 30.

248 乘以 30 就是 30 个 248 相加,30 个 248 可以分成 10 组,每组有 3 个 248(表2).

表2

248	248	248	248	248	248	248	248	248	248
248	248	248	248	248	248	248	248	248	248
248	248	248	248	248	248	248	248	248	248
744	744	744	744	744	744	744	744	744	744

3 个 248 相加等于 744,10 个 744 相加等于 7440.

因此,一个数乘以 30,只需先乘以 3,再乘以 10(在积的右边加一个零).

例2 895 × 400.

895 × 400 就是 400 个 895 相加,400 个 895 可以分成 100 组,每组有 4 个 895.

要想求出一组是多少,就用 895 乘以 4(等于 3580),要想求出所有组有多少,就用 3580 乘以 100(在积的右边加上 2 个 0 即可).

例如,248 乘以 30,先用 248 乘以 3,然后在积的右边加上 1 个 0;895 乘以 400,先用 895 乘以 4,然后在积的右边加上 2 个 0.

$$
\begin{array}{r}
248 \\
\times\ \ 30 \\
\hline
7440
\end{array}
\qquad
\begin{array}{r}
895 \\
\times\ 400 \\
\hline
358000
\end{array}
$$

在进行乘法运算时,不能理解为只乘以一个数,因为一个数指代的不仅是它本身,还有后面的单位,所以这只是一种记法.

例如,当乘以 7 时,不是乘以数 7,而是乘以数 7 以及它后面的单位.

§52　多位数乘以多位数

例 1　3826×472.

3826 乘以 472,即 472 个 3826 相加,只需将 3826 分别乘以 2,乘以 70,乘以 400,最后将得到的三个结果相加在一起.

具体运算步骤如下:首先写被乘数,在其下面写乘数,然后画一条横线.

3826 乘以 2,将所得乘积写在横线下面,这是第一个乘积;3826 乘以 70,即 3826 先乘以 7,然后在乘积右边加上一个 0,这是第二个乘积;3826 乘以 400,即 3826 先乘以 4,并在乘积右边加上两个 0,这是第三个乘积;最后在下面画一条横线,把它们全部加起来,得到最后结果. 为了简化书写,通常省略用黑体字表示的数(如下).

$$
\begin{array}{r}
3826 \\
\times\ \ 472 \\
\hline
7652 \\
267820 \\
1530400 \\
\hline
1805872
\end{array}
\qquad
\begin{array}{r}
3826 \\
\times\ \ 472 \\
\hline
7652 \\
26782 \\
15304 \\
\hline
1805872
\end{array}
$$

注意:如果乘数中有数 1,那么当被乘数与 1 相乘时,积就是该被乘数.

例如

$$
\begin{array}{r}
470827 \\
\times\ \ 60013 \\
\hline
1412481 \\
\mathbf{470827} \\
2824962 \\
\hline
28255740751
\end{array}
$$

§53　多位数的乘法运算

首先依次写下被乘数和乘数,并在乘数下画一条横线.当多位数乘以多位数时,先将被乘数乘以乘数的个位,然后十位、百位,依此类推.将这些乘法运算的积都写在横线下,确保每个积的最右边的数与它所乘的乘数在同一竖直线上,最后把所有乘积加在一起得到最后的结果.

§54　以零结尾的数的乘法运算

例1　2800×15.

2800 乘以 15 就是 15 个 2800 相加,若用加法来计算这个结果,乘数中的 0 会被重复相加 15 次,因此,2800 乘以 15,只需用 28 乘以 15,之后再在积的右边加 2 个 0 即可.

具体运算过程为:28 与 15 对齐,进行乘法运算时先不看乘数中的零,最后在积的右边加上 2 个 0 即可.

```
   2800
 × 15
   140
   28
  42000
```

例2　358×23000.

358 乘以 23 等于 8234,8234 再乘以 1000,即在 8234 右边加上 3 个 0.

具体运算过程如下.

```
    358
 × 23000
   1074
   716
  8234000
```

例3　57000 × 3200.

若 57000 乘以一个数,就先用这个数乘以 57,然后在积的右边加上 3 个 0;若 57 乘以 3200,就用 57 乘以 32,然后在积的右边加上 2 个 0.

因此,当一个以零结尾的数与另一个以零结尾的数相乘时,先不考虑零,最后这两个乘数中末位一共有多少个 0,就在积的右边加多少个 0.

$$
\begin{array}{r}
57000 \\
\times\ \ 3200 \\
\hline
114\ \ \ \ \\
171\ \ \ \ \ \ \\
\hline
182400000
\end{array}
$$

§55　按照相反位置顺序进行乘法运算

在以往的例子中,都是先用第一个数乘以第二个数的个位,然后十位、百位等. 然而,以相反顺序进行乘法运算也可以.

例如

$$
\begin{array}{r}
2834 \\
\times\ \ 568 \\
\hline
22672 \\
17004 \\
14170 \\
\hline
1609712
\end{array}
\qquad
\begin{array}{r}
2834 \\
\times\ \ 568 \\
\hline
14170 \\
17004 \\
22672 \\
\hline
1609712
\end{array}
$$

上述两种方法的区别:第一种方法得到的乘积依次左移,第二种方法得到的乘积依次右移. 显然,第一种方法更常见.

§56　乘法结果的检验

由于交换乘数的位置不会改变结果,因此为了检验乘积的正确性,只需交换乘数的位置,重复计算即可.

例如

145	532
× 532	× 145
290	2660
435	2128
725	532
77140	77140

若两次运算结果相同,则有较大可能运算正确.

§57　多个数的乘法运算

例如,7,5,3 和 4 四个数相乘.

具体运算过程为:7 乘以 5,等于 35;35 乘以 3,等于 105;105 乘以 4,等于 420,那么 420 就是这四个数的乘积.

把这些数按照运算顺序写在一行,并在数与数之间加上乘号. 表达方式为: $3 \cdot 4 \cdot 5 \cdot 7$ 或 $3 \times 4 \times 5 \times 7$,与之对应的运算过程为 $[(3 \cdot 4) \cdot 5] \cdot 7$,即 3 先乘以 4,然后乘以 5,最后乘以 7.

§58　乘数的可交换性

乘积结果不会因乘数位置的变化而发生改变.

对于两个数相乘,我们已经看到了这一点(§47),这个性质也适用于多个数相乘.

例如,在 $5 \cdot 2 \cdot 3 \cdot 4 \cdot 7, 2 \cdot 3 \cdot 4 \cdot 5 \cdot 7, 4 \cdot 7 \cdot 3 \cdot 2 \cdot 5, 7 \cdot 2 \cdot 3 \cdot 4 \cdot 5$ 中,乘数的顺序虽然不同,但乘积都是 840.

下面证明这一性质:在 $2 \cdot 5 \cdot 3 \cdot 4 \cdot 7$ 中,只交换乘数 3 和 4 的位置,积会不会改变?首先计算前四个数的乘积,即 $2 \cdot 5 \cdot 3 \cdot 4$,也就是 $10 \cdot 3 \cdot 4$,接着 3 个 10 相加,等于 30,然后 4 个 30 相加,也就是 $10 \cdot 3 \cdot 4 = (10 + 10 + 10) + (10 + 10 + 10) + (10 + 10 + 10) + (10 + 10 + 10)$.

28

在每组中取一个 10,则得到 $10 + 10 + 10 + 10$,即 $10 \cdot 4$. 然后,重复两次上述操作,得到 $(10 \cdot 4) + (10 \cdot 4) + (10 \cdot 4)$,即 $10 \cdot 4 \cdot 3$.

因此,$10 \cdot 3 \cdot 4 = 10 \cdot 4 \cdot 3$,将其再乘以 7,不会改变乘积的结果.

即 $10 \cdot 3 \cdot 4 \cdot 7 = 10 \cdot 4 \cdot 3 \cdot 7$ 或 $2 \cdot 5 \cdot 3 \cdot 4 \cdot 7 = 2 \cdot 5 \cdot 4 \cdot 3 \cdot 7$. 所以,交换乘数的顺序,积不变.

例如,在 $2 \cdot 5 \cdot 3 \cdot 4 \cdot 7$ 中,可以将 5 移到 7 的位置,得到 $2 \cdot 3 \cdot 4 \cdot 7 \cdot 5$,再将 7 移到 3 的位置,得到 $2 \cdot 5 \cdot 3 \cdot 4 \cdot 7 = 2 \cdot 7 \cdot 3 \cdot 4 \cdot 5$.

因此,可以按照自己意愿重新排列乘数,积不变. 例如,将 $2 \cdot 5 \cdot 3 \cdot 4 \cdot 7$ 重新排列为 $3 \cdot 7 \cdot 5 \cdot 4 \cdot 2$. 将上述两个式子进行比较,3 在首位,那就将 3 与 2 互换位置,即 $3 \cdot 5 \cdot 2 \cdot 4 \cdot 7$,然后将 7 排在第二位,那就将 7 与 5 互换位置,得到 $3 \cdot 7 \cdot 2 \cdot 4 \cdot 5$,接着将 5 与 2 互换位置,就得到 $3 \cdot 7 \cdot 5 \cdot 4 \cdot 2$. 所有的乘数都按给定的顺序排列好,积不变.

§59 乘积的求法

我们已经知道一个数乘以 30(即 10 乘以 3),只需将这个数先乘以 3,再乘以 10. 同样,如果一个数乘以 400(即 100 乘以 4),可以将这个数先乘以 4,再乘以 100.

如果一个乘数可以用乘积运算来表示,那么可以采用上述同样的方法进行拆解. 例如,用 10 乘以 12,12 等于 $3 \cdot 4$. 因此,可以用 10 先乘以 3,再乘以 4. 事实上,10×12 与 $10 + 10 + 10 + 10 + 10 + 10 + 10 + 10 + 10 + 10 + 10 + 10$ 的结果相同.

除此之外,还可以这样计算:把总和分成 4 个相等的组,每组有 3 个数,即 $(10 + 10 + 10) + (10 + 10 + 10) + (10 + 10 + 10) + (10 + 10 + 10)$,每组都是 $10 \cdot 3$,也就是 $(10 \cdot 3) + (10 \cdot 3) + (10 \cdot 3) + (10 \cdot 3)$,即 $10 \cdot 3 \cdot 4$.

同样,$7 \cdot 24$ 可以写成 $7 \cdot 24 = 7 \cdot (2 \cdot 3 \cdot 4) = 7 \cdot 2 \cdot 3 \cdot 4 = 14 \cdot 3 \cdot 4 = 42 \cdot 4 = 168$.

因此,一个数乘以另一个数,可以将另一个数转化为几个数的乘积,然后这个数先乘以乘积中的第一个数,再乘以第二个数,然后乘以第三个数,依此类推,这种方法常用于心算.

例如,36×8. 即36乘以$(2 \cdot 2 \cdot 2)$,可以将36乘以2(等于72),再乘以2(等于144),最后乘以2(等于288).

§60 多个数相乘

例如,在$7 \cdot 2 \cdot 4 \cdot 5$中,可以不按给定的顺序进行运算,而是将它们合并成几组. 比如,写成$(7 \cdot 4) \cdot (2 \cdot 5)$,然后分别计算每一组,将所得的积再相乘,即$7 \cdot 4 = 28, 2 \cdot 5 = 10, 28 \cdot 10 = 280$.

事实上,$7 \cdot 4$等于28,只需将28先乘以2,再乘以5,即$28 \cdot 2 \cdot 5$,这与$7 \cdot 4 \cdot 2 \cdot 5$的结果相同. 所以,多个数相乘,可以把它们合并成几组,分别计算,然后把所得的结果相乘,为方便运算通常把乘数组合成能简便运算的组.

例如,$25 \cdot 7 \cdot 4 \cdot 8$,可将25与4相乘,7与8相乘,然后将两个积乘在一起,即$25 \cdot 4 = 100, 7 \cdot 8 = 56, 56 \cdot 100 = 5600$.

§61 幂

几个相同的数相乘,得到的积称为幂. 两个相同的数相乘,称为2次幂;三个相同的数相乘,称为3次幂;等等.

因此,$5 \cdot 5$等于25,即25是5的2次幂;$3 \cdot 3 \cdot 3$等于27,即27是3的3次幂;$2 \cdot 2 \cdot 2 \cdot 2$等于16,即16是2的4次幂;等等.

§62 幂的缩写

$2 \cdot 2 \cdot 2 = 2^3$(2的3次幂);$3 \cdot 3 \cdot 3 \cdot 3 = 3^4$(3的4次幂);等等.

写法:先写幂的底数,并在其右上方写另一个数来表示该乘法运算中有多少个相同的乘数,右上角的这个数称为幂的次数.

第9节 除 法

说明:一个数能划分成几个相等的数,表示这个数中含有几个这样相等的数.比如,一个数划分为5等份,每份称为整体的五分之一;划分为20等份,每份就称为整体的二十分之一;等等.

同理,一个数划分为两等份,每份称为整体的二分之一(也称一半),类似地,三分之一、四分之一;等等.

问题1:将24张纸平均分给6名学生,每名学生分得多少张纸?

要解决这个问题,只需将24张纸分成6等份,看看每份有多少张?

假设每份2张,那么6份就是2×6,即12张,小于24张;假设每份3张,那么6份就是3×6,即18张,小于24张;假设每份4张,那么6份就是4×6,正好是24张.

我们发现,这个问题就是找到一个数,使它乘以6等于24,所以这个问题实质是根据给定的积24和乘数6求另一个乘数.

问题2:一共有24张纸,每6张纸为一份文件,则有多少学生收到了这份文件?

这个问题可以理解为每6张纸为一份文件,可以从24张纸中抽取多少份,或者换句话说,24张纸中含有多少个6张纸.

假设有2份,那么总数是6×2,即12张,小于24张;假设有3份,那么总数是6×3,即18张,小于24张;假设有4份,那么总数是6×4,正好是24张.

因此,共有4名学生获得了这份文件.这个问题的实质是找到一个数乘以6等于24.这里积是24,给定的乘数是6,另一个乘数是4.

§63 除法的定义

定义:对于一个乘积和一个乘数,通过此种运算求得另一个乘数,叫作除法运算.

因此,24 除以 6 就是看哪个数字乘以 6,等于 24. 换句话说,就是要找出 24 的六分之一是多少,或者 6 乘以哪个数等于 24.

这个运算的结果称为商,给定的数分别是被除数和除数. 因此在上述例子中,24 是被除数,6 是除数,4 是商.

写法:符号":"或"÷"在被除数和除数的中间,被除数写在符号的左边,除数写在符号的右边.

例如,24∶6 或 24 ÷ 6,还可以用一条横线来表示除法运算,即 $\dfrac{24}{6}$.

从定义中可以看出,这个运算是乘法的逆运算,乘法运算中的积是除法运算的被除数,而除法运算的商是乘法运算中的乘数.

§64　商的两种理解

例如,被除数是 24,除数是 6,它表示一个数乘以 6 得到 24,也表示一个数的 6 倍是 24.

因此,无论求 24 的六分之一是多少,还是求 24 是 6 的多少倍,结果都是 4.

§65　余数

例如,27 除以 6,试图用 6 乘以 1,2,3,4,5,…,发现都得不到 27.

这意味着找不到一个整数使它乘以 6 等于 27. 同样,12 除以 5,50 除以 7 这样的除法运算,都找不到结果为整数的商.

我们所说"27 除以 6","12 除以 5",其实是要找到总数中能被除数除掉的最大整数.

因此,27 除以 6,被除数中能被整除的最大部分是 24,得到的近似商是 4.

这种除法会产生一个余数,即被除数做完除法运算后余下的数.

因此,27 除以 6,余数是 3. 余数总是小于除数,只要把能被除数除掉的部分都除掉就可以了. 当有余数的情况下,产生的商被称为近似商.

该过程表示为:27 ÷ 6 = 4(余数 3),把被除数的剩余部分放在括号里.

§66　被除数、除数和余数的单位

通过除法运算,能够求一个数是另一个数多少倍. 这里,被除数和除数(余数,如果有的话)可以具有实际单位,也可以只是一个数,在这种情况下,商表示被除数是除数的多少倍.

例如,50 卢布(被除数)包含 6(商)个 8 卢布(除数),还剩 2 卢布(余数).

当被除数能被除数整除时,除数是一个抽象数,表示被除数被分成多少个相等的数,而商和余数(可能存在)具有和被除数相同的单位.

例如,将 62 支笔均分 12 份(相等的部分),每份 5 支笔,还剩 2 支.

通常情况下,单位的名称可以省略不写.

§67　通过划分完成运算

在 212 中能划分出多少个 53,其实就是找到 212 除以 53 的商.

(1)加法:53 + 53 = 106;106 + 53 = 159;159 + 53 = 212,4 个 53 相加是 212,所以商是 4.

(2)减法:212 中可以减去 4 个 53,所以商是 4.

212	159	106	53
− 53	− 53	− 53	− 53
159	106	53	0

(3)乘法:53 × 2 = 106;53 × 3 = 159;53 × 4 = 212,所以商是 4.

§68　商是一位数还是多位数,即商小于 10 还是大于 10

只需将除数乘以 10,然后将所得的积与被除数进行比较.

例1　534∶37.

37 乘以 10,得到 370,小于 534,所以商大于 10.

例2　534∶68.

68 乘以 10,得到 680,大于 534,所以商小于 10.

当商小于 10 时,用一位数表示,当商大于或等于 10 时,用多位数表示.

让我们先看看如何找到一位数的商,然后再找到多位数的商.

§69　商是一位数

两种情况:除数是一位数和多位数.

(1)当除数和商都是一位数时,利用乘法表就可以找到商.

例如,56 除以 8 等于 7,通过乘法表找哪个数乘以 8 等于 56,得到 7 乘以 8 正好是 56;42 除以 9 的近似商是 4,因为 $4 \times 9 = 36$,36 小于 42,而 $5 \times 9 = 45$,45 大于 42,因此,4 是商,余数是 6.

(2)当除数是多位数,商是一位数时,商是通过试验一个或几个数来求得的.

例如,43530 ÷ 6837,除数 6837 乘以 10 等于 68370,68370 大于被除数 43530,所以商是一位数.

要想找到这个商,按以下步骤进行:舍弃除数中除了左边的第一个数的所有数,即在除数中取 6000. 在被除数中,从右边放弃同样数量的数,即在被除数中取 43000.

现在研究这个问题:用 6000 乘以哪个数能得到 43000,或者接近 43000. 在乘法表中发现,用 6000 乘以 7,等于 42000,如果用它乘以 8,等于 48000. 因此,所求的商不可能大于 7,它可以是 7 或小于 7. 如果除数 6837 乘以 7,将得到 47859,大于 43530. 因此商不是 7,一定小于 7. 接下来用 6 乘以 6837,得到 41022,小于 43530. 因此,商是 6,同时也产生了一个余数,余数为 43530 减去 41022,等于 2508.

```
  6837          6837            43530
×    7        ×    6          - 41022
-------       -------          -------
 47859         41022            2508
```

§70 商的最高阶数可以通过不同的方式求得

例如,43530 ÷ 6837. 我们发现除数接近7000,首先找出7000乘以多少才能得到43000. 根据乘法表,我们发现 $6 × 7 = 42, 7 × 7 = 49$.

由此我们得出结论,商不可能小于6,让我们从数字6开始进行检验.

除数乘以6,然后用被除数减去这个乘积. 如果余数超过6837,那么数字6太小,我们必须尝试数字7,如果余数小于6837,那么6正确. 通过计算,余数是2508,所以6正确. 当除数从左数的第二位数大于5,这种做法总是有效的. 除数6837,因从左数第二位数大于5,所以更接近7000而不是6000.

§71 商是多位数

例如,64508 ÷ 23. 被除数64508大于23×10,因此商应该大于10,商必然是多位数. 将除法运算看成乘法运算,除数是乘法中的乘数,而商是另一个乘数,即找出64508中含有多少个23.

用一条竖直的线将除数与被除数分开,在除数下画一条横线,在这条线下写出商.

```
64508 |23
  46   -----
 ----  2804
  185
  184
 ----
  108
   92
  ----
   16
```

被除数是五位数,最高位是万位,所以要判断商是否有万位.

23 乘以 10000 是 23 个万,而被除数中只有 6 个万,所以商数不会有万位.

下面考虑商是否有千位,23 乘以 1000 是 23 个千,而被除数是 64 个千,大于 23 个千,所以商中有千位.

为了减少计算量,在写出商的前两位与除数做乘积,并将得到的积与被除数中的相应数字进行比较.

商中有多少个千?23 个千中有 1000 个 23,而 64 千中含有 2 个 23 千.

因此,64 千中含有 2 千个 23,把数字 2 放在商的千位位置上.

23 乘以 2000,只需将 23 乘以 2,等于 46,再乘以 1000 等于 46000.

把 46 放在千位位置,然后用 64500 减去 46000 等于 18500,这个数中不含有 1 千个 23,因为它小于 23000.

下面求有几百个 23,推理如下:23 乘以 8 等于 184,所以 185 中含有 8 个 23,把 8 写在商的百位位置上,然后 23 乘以 8 个百得到 184 个百,185 个百中减去 184 个百,还剩 1 个百,把 0 落下来,得到 10,发现 10 小于除数 23,接着把 8 落下来,得到 108.

因此,接着求 108 中含有多少个 23,还需知道是否有余数?108 中含有 4 个 23. 把 4 写在商的个位位置上,23 乘以 4 等于 92,108 减去 92 等于 16,这就是我们要找的余数. 我们求出商是 2804,余数是 16.

下面是另外两个例子.

```
1470035 |7           3480000  |15
14       210005       30        232000
 7                    48
 7                    45
 0035                  30
 35                    30
  0                   000
```

另一种解法:上面展示了商的求法,也就是被除数中有多少个除数,但也可以用不同的方式来理解,把一个数分成多少个相等的部分.

用同样的例子来说明. 例如, $64508 \div 23$, 将 64508 分成 23 个相等的数 (例如, 将 64508 卢布平分给 23 个人).

很明显, 每部分应该有几千左右, 为了求出每部分有多少, 首先拿出 64 个千, 分成 23 等份, 每份最多是 2 千. 在商的千位位置写上 2, 如果每份是 2000, 23 个 2000 是 46000. 从 64000 中减去 46000, 剩下的 18000 再分成 23 等份. 显然, 不会得到几千个, 那就将其分成 180 个百, 再加上原数字中的 5 个百, 得到 185 个百, 分成 23 等份, 每份有 8 个百, 那就在商的百位写上 8. 用 800 乘以 23 得到 184 个百, 从 185 个百中减去 184 个百, 还剩 100, 再把 100 分成 23 等份, 把它分成几十份, 这是不能实现的, 所以在商的十位写 0.

下面把 100 加上原来数字剩余的 8, 得到 108, 用 108 除以 23 等于 4, 接着将 4 写在商的个位上, 得到商为 2804.

§72　除法运算的书写

用一条竖线将被除数和除数分开, 在除数下画一条横线, 将商写在横线下面. 将被除数从左到右分开, 使其分离出来的数大于除数, 但小于除数的 10 倍, 用这个数除以除数, 得到的商写在除数的下面; 再用这个被除数减去除数乘以商的积, 将其写在被除数下面对应位置, 然后在被除数中再落下一位数, 用这个新数去除以除数, 将得到的商写在除数下面的对应位置; 然后继续这个过程, 直到被除数全部数位上的数都进行了运算. 如果被除数减去除数乘以商的积后, 得到的下一个新被除数小于除数时, 则在商的相应位置写 0, 然后再落下一位数, 继续进行除法运算即可.

例如, $563087 \div 6$. 首先用 56 除以 6, 商是 9, 余数是 2, 接着落下一位数, 得到 23; 用 23 除以 6, 商是 3, 余数是 5, 接着落下一位数, 得到 50; 用 50 除以 6, 商是 8, 余数是 2, 接着落下一位数, 得到 28; 用 28 除以 6, 商是 4, 余数是 4, 接着落下一位数, 得到 47; 用 47 除以 6, 商是 7, 余数是 5. 至此运算结束, 商为 93847, 余数为 5.

```
563087 |6
54       93847
23
50
28
47
5
```

§73 除数是一位数

当除数是一位数时,习惯利用减法运算来求余数.

例如,在第一个除法运算中,5 是余数.

在第二个除法运算中,5648 乘以 8,等于 45184,用 48302 减 45184 等于 3118,把 7 落下来,等于 31187;5648 乘以 5 等于 28240,用 31187 减去 28240 等于 2947,把 8 落下来,等于 29478;5648 乘以 5 等于 28240,用 29478 减去 28240 等于 1238,1238 小于除数 5648,所以 1238 为余数,855 是商.

```
563087 |6      4830278 |5648
5        93847  31187    855
                29478
                1238
```

在除法运算中,如果利用减法来求余数,那么被减数和减数同时加上一个相同的数,差不变.

§74 除数以零结尾

情况 1:一个数除以 10,100,1000 等,其实就是求这个数中含有多少个 10,多少个 100,多少个 1000 等.

例如,54634 ÷ 10 = 5463(余数是 4)表示 54634 中有 5463 个 10,还剩 4;54634 ÷ 1000 = 54(余数是 634)表示 54634 中有 54 个 1000,还剩 634.

因此,一个数除以 10,100,1000 时,除数有几个零,被除数中就要分离出几个数,然后左侧的数是商,右侧的数是余数.

情况2:例如,389224 ÷ 7300.

上述除法可以理解为被除数389224中有多少个7300,被除数是3892个百,24个一,除数7300是73个百.要求3892个百是73个百的多少倍,就用3892除以73,求得3892中有53个73,还剩23,23个百再加上24个一,即2324,因为7300大于2324,所以2324是余数.

```
389224 | 7300
365       53
 242
 219
2324
```

下面例子中被除数和除数都以零结尾.

```
35000 | 7300
 292      4
5800
```

因此,当除数以零结尾时,要划掉这些零,并在被除数中划掉相同数量的零,再对剩下的数进行运算.

§75　根据"被除数等于除数乘以商(如果有余数,再加上余数)",可以检验除法运算的正确性

```
8375 | 42        199
  42   199     ×  42
 417            398
 378            796
 395           8358
 378         +   17
  17           8375
```

商199乘以除数42加上余数17等于乘积8375,与被除数相同,所以经过检验,结果正确.

§76 用除法解决下列问题

例如,60 除以(5·3),即 60 除以 15.

分析:首先,60 除以 5 等于 12,然后 12 除以 3,即 60:5 = 12,12:3 = 4.

因此,第一步,60 分成 5 等份,每份是 12;第二步,12 分成 3 等份,每份是 4;把 60 分成 15 份,每份是 4,结果相同.

同样可以计算,一个数除以三个数的乘积.

例如,300 除以(3·5·4),首先 300 除以 3(等于 100),100 除以 5(等于 20),最后 20 除以 4(等于 5).

一般来说一个数除以一个乘积,只需先用这个数除以第一个因子,所得的商再去除以第二个因子,然后除以第三个因子,等等.(假设每步除法运算都没有余数)有时也可以口算. 例如,1840 除以 20,由于 20 等于(10·2),然后 1840 除以 10(等于 184),184 再除以 2(等于 92).

同样,若要用一个数除以 8,即除以(2·2·2),只需把被除数除以 2,再除以 2,然后再除以 2 即可.

第 10 节 乘数和商的变化

一、乘数的变化

§77 一个乘数扩大几倍,积将扩大相同的倍数

例如,在 15 × 3 中,乘数 3 扩大 2 倍,即 15 × 6,积将扩大 2 倍.

因为 15 × 3 是 3 个 15 相加,即 15 + 15 + 15;而 15 × 6 是 6 个 15 相加,即 15 + 15 + 15 + 15 + 15 + 15,后者的和是前者的两倍.

再比如,在 15 × 3 中,乘数 15 扩大 3 倍,即 45 × 3,那么积将扩大 3 倍.

事实上,第一个积是三个数的和:15 + 15 + 15,第二个积也是三个数的和:45 + 45 + 45,但是第二个加法运算中每个加数是第一个加法运算中加数的三

倍,即第二个和是第一个和的三倍.

若一个乘数缩小几倍,那么积会缩小相同的倍数. 例如,$20 \times 2 = 40,10 \times 2 = 20,5 \times 2 = 10$,等等.

§78 简化乘法运算

比如,在 438×5 中,可以先计算 438×10,等于 4380,由于 5 是 10 的一半,那么 438×5 的结果是 4380 的一半,即 2190;再比如,在 32×25 中,100 是 25 的 4 倍,所以将 32 乘以 100 得到 3200,然后将积缩小 4 倍等于 800.

§79 如果两个乘数同时变化,积可能增加,可能减少,可能保持不变

为了探究改变乘数对结果会产生什么影响,有必要先假设只改变一个乘数.

例如,在 $15 \times 6 = 90$ 中,乘数 15 扩大 3 倍、乘数 6 扩大 2 倍,乘积的结果如何变化?即 45×12 等于多少?

探究如下:如果一个乘数扩大 3 倍,积就会扩大 3 倍,结果不是 90,而是 3 个 90 相加,即 $90 + 90 + 90$;当乘数 6 扩大 2 倍,乘积的结果为 $(90 + 90 + 90) + (90 + 90 + 90)$. 与最初的积相比,扩大了 2×3 倍(6 倍).

用同样的方法进行计算,一个乘数扩大 5 倍,另一个乘数扩大 7 倍,那么积就扩大 5×7 倍,即 35 倍.

在同一个例子中,将被乘数缩小 3 倍,乘数缩小 2 倍,即 5×3 等于多少?

将被乘数 15 缩小 3 倍,积将缩小 3 倍,也就是说,积的结果不是 90,而是 30;将乘数 6 缩小 2 倍,积将缩小 2 倍,积的结果不是 30,而是 15. 因此,这两个变化将导致积缩小 2×3 倍,即 6 倍.

同样,将被乘数扩大 6 倍,并将乘数缩小 2 倍,即 90×3 的结果是多少?

将一个乘数扩大 6 倍,积扩大 6 倍,而将另一个乘数缩小 2 倍,积缩小 2 倍. 在这两次变化中,积扩大了 3 倍(6:2).

也就是说,一个乘数扩大几倍,另一个乘数缩小相同的倍数,积不变.

例如,在 $15 \times 6 = 90$ 中,15 扩大 2 倍,6 缩小 2 倍,得到 $30 \times 3 = 90$;15 缩小 3 倍,6 扩大 3 倍,得到 $5 \times 18 = 90$.

§80 如果一个乘数加上一个数,那么积将加上这个数乘以另一个乘数

例如,在 $8 \times 3 = 24$ 中,将乘数 3 加 2,即 8×5,则变成 5 个 8 相加,而不是 3 个 8 相加,那么积与之前相比多了 2 个 8,即多了 $8 \times 2 = 16$.

如果其中一个乘数减少了一个数,那么积就会减少这个数乘以另一个乘数.

根据积的这一性质,可以简化乘法运算.例如,523×999.首先乘数 999 加 1 等于 1000,然后计算 523×1000,即 523000.这个数比原来大 523.因此,523000 减去 523,结果为 522477.

二、商 的 变 化

§81 当进行没有余数的除法运算时,当被除数和除数改变时,商的变化如下:如果被除数扩大几倍,那么商将扩大相同的倍数

在这个运算中,被除数扩大,除数不变,可以看成在乘法运算中扩大了乘积,并保持其中一个乘数不变,而另一个乘数只有扩大和乘积相同的倍数,这个式子才会成立.

例如,在 $10 \div 2 = 5$ 中,数 10 扩大 2 倍,得到 $20 \div 2 = 10$;数 10 扩大 3 倍,得到 $30 \div 2 = 15$.

如果把除数扩大几倍,商将缩小相同的倍数.

当一个乘数(除数)扩大几倍,积(被除数)保持不变,只有当另一个乘数(商)缩小相同的倍数,积(被除数)才会保持不变.

比如 $48 \div 2 = 24$,数 2 扩大 2 倍,得到 $48 \div 4 = 12$,商缩小 2 倍;数 2 扩大 3 倍,得到 $48 \div 6 = 8$,商缩小 3 倍.

反过来说,如果被除数缩小几倍,商会缩小相同的倍数;如果除数缩小几倍,那么商将扩大相同的倍数.

注意:如果除法运算产生余数时,这些结论不一定成立.比如 $29 \div 6 = 4$(余

数5);29 ÷ 3 = 9(余数2).

§82 当除数和被除数同时变化时,商有可能增加,有可能减少或者保持不变

要想知道商如何变化,首先必须假设只有被除数改变,然后是只有除数改变.

下列情况商保持不变:

(1)除数和被除数扩大相同的倍数,商不变.

因为被除数扩大几倍,商就会扩大几倍,而当除数扩大相同倍数时,商将会缩小相等的倍数,最后使商的结果保持不变.

因此,在 60 ÷ 15 = 4 中,被除数和除数都扩大 5 倍,得到 300 ÷ 75 = 4.

(2)除数和被除数缩小相同的的倍数,商不变.

因为被除数缩小几倍,商就会缩小几倍,而除数的缩小几倍将使商扩大相同的倍数.

43

因此,在上面的例子中,被除数和除数缩小 5 倍,得到 12 ÷ 3 = 4,商的结果保持不变.

第 2 章　　带有单位的数量

第 1 节　　可测量的量

§83　理解数量

所谓某个物体的数量就是与其同类相比可能相等、大于或者小于的量. 比如,物体的质量是一个数量,一个物体的质量可能等于、大于或小于另一个物体的质量.

下面给出一些较为熟悉的可测量的量:长度(宽度、高度或厚度、……);面积,即物体的表面或围成的平面图形的大小;体积,即物体占据空间的多少;压力,即物体对水平面的力;等等. 除此之外,还有其他的可测量的量.

注意:一个物体的表面(如桌子、地板等表面)的大小称为面积;一个容器或盒子容纳物体的体积称为容量或容积.

§84　数值

每个可测量的量都有无数个数值,其差别是数值的大小.

对于长度来说,不同物体有不同的数值. 例如,一张纸与一个房间、一把尺子的长度不同. 若两个物体的长度相同,则二者长度具有相同的数值.

§85　测量一个房间的长度

要测量一个房间的长度,可以用一个熟悉的的长度单位来衡量它,比如俄尺①.

因此就需要测量房间的长度是多少俄尺,若正好是 10 俄尺,那就说房间长 10 俄尺. 同样,若要测量一个物体的质量,就用一个熟悉的质量单位,例如俄磅②,并在砝码的帮助下测量一个物体是多少俄磅,若所用砝码正好是 5 俄磅,则该物体重 5 俄磅.

对于一个数值来说,有多种计量单位. 比如,1 俄尺是一个长度单位,1 俄磅是一个质量单位,等等.

每个数值都有单位,有高阶单位也有低阶单位,比如在测量不同物体的长度时,可利用的单位除俄尺之外还有俄丈③、俄里④、俄寸⑤等等.

例如,一个房间的长度大于 10 俄尺但不足 11 俄尺,那么多于 10 俄尺的部分就可以用一个较小的单位来衡量,比如俄寸. 例如,房间的长度为10 俄尺7 俄寸. 因此,一个物体可以用一个或多个单位来衡量.

§86　俄罗斯单位

在俄罗斯的每个州,政府都为可测量的量建立了单位,例如俄尺、俄磅等都是日常使用的单位,正式使用的单位称为度量单位.

下面将给出俄罗斯使用的主要度量单位.

---

① 1 俄尺 $\approx$ 0.711 米.

② 1 俄磅 $\approx$ 409.512 克.

③ 1 俄丈 $\approx$ 2.134 米.

④ 1 俄里 $\approx$ 1066.8 米.

⑤ 1 俄寸 $\approx$ 0.104 米.

§87   距离(长度)单位的换算

1 英里① = 7 俄里②

1 俄里 = 500 俄丈

1 俄丈 = 3 俄尺

1 俄尺 = 16 俄寸

1 俄丈 = 7 英尺

1 英尺③ = 12 英寸

1 英寸 = 10 里格④

具体换算:由于 1 俄丈是 7 英尺,1 英尺是 12 英寸,所以 1 俄丈是 84 英寸

(12×7);1 俄尺是 $\frac{7}{3}$ 英尺,1 英尺是 12 英寸,所以 1 俄尺是 28 英寸$(\frac{7}{3} \times 12)$.

46

在此附上两个衡量标准(图 1),以便进行比较.

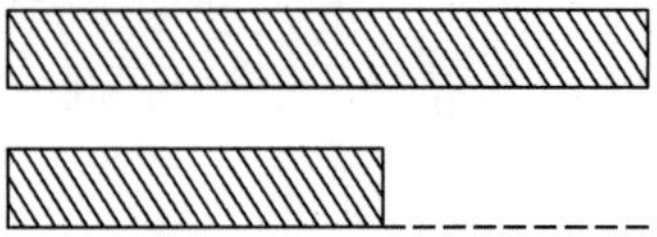

俄寸

英寸

图 1

注意:

(1) 距离或长度的单位都是线性单位,不同物体有不同的长度.

(2) 同类型的长度单位,有高阶、低阶之分. 例如,与俄尺相比,俄丈是高阶单位,俄寸是低阶单位.

(3) 两个同类型单位的比是一个数,表示 1 个高阶单位中有多少低阶单位. 例如,俄丈与俄尺这两个单位的比是 3.

---

① 1 英里 ≈ 1609.3 米.

② 1 俄里 ≈ 1066.8 米.

③ 1 英尺 ≈ 0.3048 米.

④ 1 里格 ≈ 3.18 海里.

§88　面积

为测量面积,通常使用方形量具. 比如利用正方形,其是一个四边相等、四角相等的四边形(图 2).

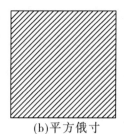

(a)平方英寸　　　　　　　(b)平方俄寸

图 2

例如,一平方英寸是四条边为 1 英寸的正方形的面积;一平方俄寸是四条边为 1 俄寸的正方形的面积;等等.

47

§89　测量面积

如果要测量的面积是等角四边形(长方形),那么很容易测量.

例如,求一个房间地板的面积是多少平方英寸. 要解决这个问题,只需测量房间的长度和宽度,并将两个测量值相乘即可.

假设房间长度为 10 俄尺,宽度为 7 俄尺,可以将地板的长度分成 10 份,宽度分成 7 份(图 3),那么地板被分成 7×10 个小正方形,即地板的面积为 $10 \times 7 = 70$ 平方俄尺.

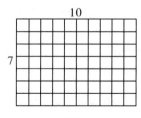

图 3

§90　如何求两个平方单位的比

求两个平方单位的比,只需将这两个单位的比相乘即可.

例如,1 平方俄丈与 1 平方俄尺的单位比是 $3 \times 3 = 9$.

我们可以想象两个正方形,一个边长是 1 俄尺,另一个边长是 1 俄丈,那么小正方形面积是一平方俄尺,若将大正方形分成 3 个宽度为 1,长度为 3 的小长方形,显然一个长方形里有 3 个小正方形(图 4).因此,大正方形中有 $3 \times 3 = 9$ 个小正方形.

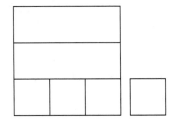

图 4

平方单位的换算:

1 平方英里 = 49 平方俄里$(7 \times 7 = 49)$

1 平方俄里 = 250 000 平方俄丈$(500 \times 500 = 250\,000)$

1 平方俄丈 = 9 平方俄尺$(3 \times 3 = 9)$

1 平方俄丈 = 49 平方英尺$(7 \times 7 = 49)$

1 平方俄尺 = 256 平方俄寸$(16 \times 16 = 256)$

1 平方英尺 = 144 平方英寸$(12 \times 12 = 144)$

1 平方英寸 = 100 平方里格$(10 \times 10 = 100)$

§91　测量较大的面积

由于田地面积较大,可以将田地分成若干个小方块.

例如,如图 5 所示,一块田地长 60、宽 40 或者长 80,宽 30,其面积为(用 60

乘以40 或 80 乘以 30)2400.

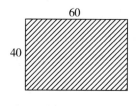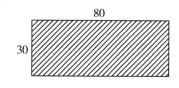

图 5

§92　体积的单位是立方

一个大立方体可以看成由多个相同的小正方体组成,每个正方形称为正方体的一个侧面,相邻面的相交线称为棱,正方体的所有棱都相等.

若正方体的每条棱都是 1 英寸,则体积为 1 立方英寸;若每条棱都是 1 英尺,体积是 1 立方英尺;等等.

§93　测量体积

比如求一个房间的体积是多少立方?只需要测量房间的长、宽、高,然后将其相乘.

例如,如图 6,一个房间长为 10 俄尺,宽为 7 俄尺,高为 8 俄尺,求其体积.

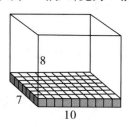

图 6

首先用 10 乘以 7,即房间地面面积是 70 平方俄尺,可分为 70 个面积为 1 平方俄尺的小正方形,由于高为8俄尺,将高度分为八层,一层70个小立方体,8层一共有 $70 \times 8 (560)$ 个小立方体,即该房间体积为 $10 \times 7 \times 8 = 560$(立方俄尺).

同样也可以计算一个盒子、一堵墙以及一个以长方形为底的坑的体积;等等.

49

若求两个立方单位的单位比,只需把同名的单位比乘 3 次就可以. 例如,立方俄丈与立方俄尺的单位比是 $3 \times 3 \times 3$,即 27.

为便于理解,我们可以想象两个立方体,其中一个边长是 1 俄丈,另一个是 1 俄尺,那么第一个立方体的体积是 1 立方俄丈,第二个是 1 立方俄尺. 在大立方体的底部有 9 个 1 立方俄尺的小立方体,由于大立方体的高度为 1 俄丈,小立方体的高度为 1 俄尺,因此,1 俄丈可分为 3 俄尺,所以一共有 3 层,每层 9 个立方体,即总共 27 个 1 立方俄尺的小立方体.

立方单位的换算:

1 立方英里 = 343 立方俄里($7 \times 7 \times 7$)

1 立方俄里 = 125 000 000 立方俄丈($500 \times 500 \times 500$)

1 立方俄丈 = 27 立方俄尺($3 \times 3 \times 3$)

1 立方俄丈 = 343 立方英尺($7 \times 7 \times 7$)

1 立方俄尺 = 4 096 立方俄寸($16 \times 16 \times 16$)

1 立方英尺 = 1 728 立方英寸($12 \times 12 \times 12$)

1 立方英寸 = 1 000 立方里格($10 \times 10 \times 10$)

§94 测量液体体积

液体体积的基本衡量标准是水桶,其体积约 750 立方英寸,可以储存 30 俄磅的纯水.

1 桶[1] = 40 维德罗[2],1 维德罗 = 10 俄升[3],1 俄升 = 2 半俄升,半俄升 = 5 俄合[4].

另一种衡量标准:俄石[5],二分之一俄石,四分之一俄石,八分之一俄石(1 俄升纯水为 8 俄磅);等等.

---

① 1 桶 ≈ 492 升.

② 1 维德罗 ≈ 12.3 升.

③ 1 俄升 ≈ 1.23 升.

④ 1 俄合 ≈ 0.123 升.

⑤ 1 俄石 ≈ 3.1 升.

俄罗斯商用常见单位的换算:

1 普特① = 40 俄磅

1 洛特② = 3 所洛特尼克③

1 俄镑 = 32 洛特 = 96 所洛特尼克

1 所洛特尼克 = 96 叨④

§95　测量质量

称药天平的量程比商用天平的量程少八分之一,相当于 28 洛特或者 84 所洛特尼克. 以下是一些单位换算.

1 俄磅 = 12 盎司

1 德拉克马⑤ = 3 俄斯克鲁普尔

1 盎司⑥ = 8 德拉克马

1 俄斯克鲁普尔⑦ = 20 量滴⑧

金属硬币或纸币都作为货币使用,硬币由金、银、铜三种材质构成. 金币通常由含 9 份金和 1 份铜的合金铸造而成,面值有 15 卢布,10 卢布,7 卢布,50 戈比和 5 卢布;银币通常由含 1 份铜和 9 份银的合金铸造而成,面值有 20 戈比,15 戈比,10 戈比和 5 戈比;铜币通常由含 5 份铜和 2 份银的合金铸造而成,面值有 5 戈比,3 戈比,2 戈比,1 戈比和 1/4 戈比.

纸币是以卢布为单位. 面值有 100 卢布,50 卢布,25 卢布,10 卢布,5 卢布,3 卢布,1 卢布.除此之外,还有 1 令 = 20 刀纸,1 刀纸 = 24 张.

§96　时间

时间的两个基本单位:天和年. 一天是地球围绕其轴旋转一周的时间,又分为 24 个小时,从凌晨 1 时到 12 时,然后从下午 1 时到午夜 12 时. 午夜,即夜间 12

51

---

① 1 普特 ≈ 16.38 千克.

② 1 洛特 ≈ 12.797 克.

③ 1 所洛特尼克 ≈ 4.266 克.

④ 由于时间久远,换算关系无法考究. —— 译者注

⑤ 1 德拉克马 ≈ 4.37 克.

⑥ 1 盎司 ≈ 28.3495 克.

⑦ 1 俄斯克鲁普尔 ≈ 1.4567 克.

⑧ 由于时间久远,换算关系无法考究. —— 译者注

时,是一天的开始.

具体单位换算:1 周 = 7 天;1 天 = 24 小时;1 小时 = 60 分钟;1 分钟 = 60 秒.

一年是地球围绕太阳旋转一周的时间,一般情况下,若前三年是 365 天,第四年就是 366 天. 一年 366 天称为闰年,一年 365 天称为平年.

原因是地球围绕太阳旋转的时间并不是 365 天,而大约是 365 天 6 小时.

因此,平年比实际年短 6 小时,4 年就多出 24 小时,也就是一天,所以每四年增加一天(即 2 月 29 日). 碰巧,计年表中的第一年是闰年,因此接下来的闰年是第 4 年,第 8 年,第 16 年,第 20 年,等等.

一般来说,年份数除以 4 没有余数的就是闰年. 例如,1908 年是闰年(1908 除以 4 没有余数),而 1907 年,1906 年,1905 年是平年.

一年分为不完全相等的 12 个月,各个月份依次命名如下:一月(31 天),二月(28 或 29 天),三月(31 天),四月(30 天),五月(31 天),六月(30 天),七月(31 天),八月(31 天),九月(30 天),十月(31 天),十一月(30 天)和十二月(31 天).

前三年 365 天,第四年 366 天的年历是由凯撒大帝(公元前 46 年)制定的,该年历称为"儒略历".

52

§97　数的含义

若一个数带有单位,例如 7 英尺,则是具体数;若一个数不带有单位,则是抽象数,例如数 7.

只带有一个单位的数叫单名数,例如,13 俄磅是单名数;带有两个或两个以上单位的数叫复名数,例如,13 俄磅 5 洛特 2 所洛特尼克是复名数.

一个复名数的正确形式是其中低阶单位的数不能转化为高一阶单位. 例如,2 普特 85 俄磅是不准确的,因为 85 俄磅大于 1 普特(40 俄磅). 因此,要计算 85 俄磅含有几个普特和俄磅(即 2 普特和 5 俄磅),所以正确结果为 4 普特 5 俄磅.

在本书的开头,数定义为单位的集合,现在数又赋予了另一个定义,即数是变化的结果,这里第一个定义是第二个定义的特例.

例如,数 3 可以被看作是某个数发生变化的结果,即数 1 重复相加两次,这意味着第一个定义包含在第二个定义中.

不是每个变化的结果都是一个自然数,因为经常测量的结果有可能不是一个自然数,可能会出现小数. 因此,第二个定义比第一个定义有更广泛的含义,它包括小数和整数.

第 2 节　　带有单位的数的转化

§98　若两个不带有单位的数相同,则二者相等;若两个带有单位的数表达的数量相同,则二者也相等

　　例如,由 2 俄丈和 1 俄尺组成的复名数与 7 俄尺这个单名数相同,因为二者表示的长度相同. 一个带有多个单位的数和一个只有一个单位的数可以相互转化,其转化方式有分解和转化.

§99　分解

　　分解是将一个带有多个单位的数转化为只有最低阶单位的数.

　　例如,5 普特 4 俄磅 15 洛特是多少所洛特尼克?

　　首先求 5 普特是多少俄磅,然后再加 4 俄镑,接着求所得的俄磅是多少洛特,再加上 15 洛特,最后把洛特化为所洛特尼克,具体过程如下:

$$
\begin{array}{ll}
\quad\ \ 5\,(\text{5普特4俄磅15洛特}) & \quad\ \ 204 \\
\times\ \ 40 & \times\ \ 32 \\
\hline
\ 200\,(\text{5普特中的俄磅数}) & \ \ 408 \\
+\quad\ 4 & \ \ 612 \\
\hline
\ 204\,(\text{5普特4俄磅中的俄磅数}) & 6528\,(\text{5普特4俄磅中的洛特数}) \\
 & +\quad\ 15 \\
\hline
 & 6543\,(\text{5普特4俄磅15洛特中的洛特数克}) \\
 & \times\quad\ 3 \\
\hline
 & 19629\,(\text{5普特4俄磅15洛特中的所洛特尼克数})
\end{array}
$$

§100　转化

　　转化是将一个只有低阶单位的数转化为带有多个单位的数.

　　例如,将只有低阶单位的 19629 所洛特尼克转化为含有多个单位的数. 要

解决这个问题,首先计算这些所洛特尼克是多少俄磅,然后这些俄磅是多少普特. 经过转化,19629 所洛特尼克是 5 普特 4 俄磅 15 洛特.

具体过程如下：

第 3 节   带有单位的数的运算

§101   带有单位的数的运算

对于加法运算来说,其和可以是几个长度的总和,几个质量的总和,等等.

类似定义如下：对两个数求和称为加法运算；已知总和与一个加数来求另一个加数称为减法运算；对两个数求积称为乘法运算；已知积与一个乘数来求另一个乘数称为除法运算.

当一个数表示可测量的量时,将带有单位,则对数的运算就变为对带有单位的数的运算,运算过程并没有发生改变,若带单位的数是相同的单位,则其运算与抽象数的运算一样.

例如,215 个任何单位与 560 个与其相同的单位相加时,比如"215 磅加 560磅"和"215 加 560"完全一样. 但往往带单位的数会带有不同的单位,就需要有与抽象数不同的法则对其进行运算.

§102　带有单位的数的加法运算

对带有单位的数进行加法运算时,采用列式的方法,使其数和单位分别对应,然后从低阶单位开始计算,直到算到最高阶单位.

例如

	5 俄里	490 俄丈	6 英尺	11 英寸
	10	432	5	10
+	8	460	4	9
	2	379	3	11
	3	446	2	10
	28 俄里	2207 俄丈	20 英尺	51 英寸
	32 俄里	210 俄丈	3 英尺	3 英寸

经过计算,得到了不标准结果,在其下面画一条横线,然后写出准确结果.

首先将 51 英寸转化为 4 英尺 3 英寸,在横线下面写 3 英寸,将 4 英尺加在 20 英尺上,得到 24 英尺;接着将 24 英尺转化为 3 俄丈 3 英尺,在横线下面写 3 英尺,将 3 俄丈加在 2207 俄丈上,得到 2210 俄丈;然后 2210 俄丈转化为 4 俄里 210 俄丈,在横线下面写 210 俄丈,将 4 俄里加在 28 俄里上,得到 32 俄里,最后准确结果为 32 俄里 210 俄丈 3 英尺 3 英寸.

有的运算中可能不含有某些单位,这时要用零来代替.

例如

	300 俄里	0 俄丈	0 俄尺	8 俄寸
+	250 俄里	80 俄丈	2 俄尺	12 俄寸
		30 俄丈	1 俄尺	0 俄寸
	550 俄里	111 俄丈	1 俄尺	4 俄寸

§103　带有单位的数的减法运算

例如,9 俄里 50 俄丈 2 俄尺减 2 俄里 80 俄丈 2 俄尺 5 俄寸.

首先按照顺序书写被减数和减数,然后在减数下面画一条横线,在横线下面写上差.

		4俄尺 16俄寸	
9俄里	50俄丈	2俄尺	0俄寸
− 2俄里	80俄丈	2俄尺	5俄寸
6俄里	469俄丈	2俄尺	11俄寸

首先,0 俄寸减 5 俄寸,需要从 2 俄尺中借 1 俄尺(在 2 俄尺的上面写一个点),将 1 俄尺化为 16 俄寸,将 16 俄寸写在 0 俄寸上面,16 俄寸减 5 俄寸等于 11 俄寸,将其写在横线下面;接着,1 俄尺减 2 俄尺,需要从 50 俄丈中借 1 俄丈(在 50 俄丈上面写一个点),将 1 俄丈化为 3 俄尺,再加上剩下的 1 俄尺,即 4 俄尺,将 4 俄尺写在 2 俄尺的上面,4 俄尺减 2 俄尺等于 2 俄尺,将其写在横线下面;然后以同样的方式继续进行下去,直到结束.

下面是另一个减法运算的例子.

	40	32	3
5普特 0俄磅	0洛特	0所洛特尼克	
− 16俄磅	24洛特	2所洛特尼克	
4普特 23俄磅	7洛特	1所洛特尼克	

§104　带有单位的数的乘法运算

例如,5 拉斯特①4 俄石 7 俄斗②3 俄升乘以 6.
具体过程如下:

5 拉斯特 4 俄石　7 俄斗　3 俄升
×　　　　　　　　　6
30 拉斯特 24 俄石 42 俄斗 18 俄升
32 拉斯特　5 俄石　4 俄斗　2 俄升

　　用 6 分别乘以 5 拉斯特,4 俄石,7 俄斗和 3 俄升,将得到(在第一个横线下方)一个不标准结果,即 30 拉斯特 24 俄石 42 俄斗 18 俄升.
　　下面将其改写成标准结果,18 俄升是 2 俄斗 2 俄升,将 2 俄斗加到 42 俄斗上,得到 44 俄斗;44 俄斗是 5 俄石 4 俄斗;5 俄石加 24 俄石是 29 俄石,29 俄石是 2 拉斯特 5 俄石;将 2 拉斯特加到 30 拉斯特上,因此,最后结果为 32 拉斯特 5 俄石 4 俄斗 2 俄升.
　　当乘数是两位数或多位数时,可以将被乘数的每一单位与乘数相乘.
　　例如

57

```
      26 普特 38 俄磅 84 所洛特尼克
    ×              78
    2103 普特 32俄磅  24所洛特尼克

        84              38              26
      × 78            × 78            × 78
       672            304            208
       588            266            182
      6552 96         2964           2028
       576  68俄磅    +  68          +  75
       792            3032 40         2103 普特
       768            280  75普特
      24所洛特尼克     232
                      200
                      32 俄磅
```

① 由于时间久远,换算关系无法考究. —— 译者注
② 同上.

§105　带有单位的数的除法运算

1. 第一种情况:具体数与抽象数的两种意义

(1) 求一个数是另一个数的多少倍(即通过积和乘数求另一个乘数).

(2) 将一个数分成几等份(即通过积找到乘数和被乘数).

第一种情形是一个具体数除以另一个具体数;第二种情形是一个具体数除以一个抽象数.

以下做具体分析:(1) 一个具体数除以另一个具体数.

例如,3 普特 18 俄磅是 8 俄磅 2 洛特的多少倍. 为解决这个问题,首先将单位进行转化,将高阶单位转换为最低阶单位,即将例子中的普特和俄磅转换为洛特,具体过程如下:

```
      3 普特            8 俄磅
    × 40             × 32
    ─────            ─────
     120              256
    + 18             +  2
    ─────            ─────
     138 俄磅          258 洛特
    × 32
    ─────
     276
     414
    ─────
    4416 洛特
```

接下来求 4 416 洛特是 258 洛特的多少倍.

```
    4416  │258
    258    ─────
    ────    17
    1836
    1806
    ─────
      30
```

因此,4416 洛特(即 3 普特 18 俄磅)是 258 洛特(即 8 俄磅 2 洛特)的 17 倍,还剩 30 洛特.

当一个具体数除以数 1 时,得到的商是一个抽象数,表示这个具体数省略单位后得到的抽象数是多少.

（2）一个具体数除以一个抽象数.

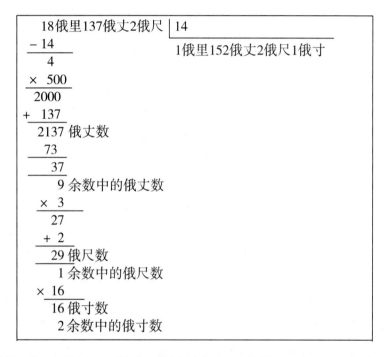

例如,将 18 俄里 137 俄丈 2 俄尺划分为 14 等份.

首先,将 18 俄里划分成 14 等份,每份 1 俄里,剩 4 俄里;将其转化为俄丈,即 4 俄里乘以 500 等于 2000 俄丈,再加上 137 俄丈,等于 2137 俄丈,将其划分为 14 等份,每份 152 俄丈,剩余 9 俄丈;将其转化为俄尺,即 9 俄丈乘以 3 等于 27 俄尺,再加上 2 俄尺,等于 29 俄尺;将其划分为 14 等份,每份 2 俄尺,剩余 1 俄尺;将其转化为俄寸,即 1 俄尺乘以 16 等于 16 俄寸;最后将划分为 14 等份,每份 1 俄寸,还剩 2 俄寸.因此将 18 俄里 137 俄丈 2 俄尺划分为 14 等份,每份是 1 俄里 152 俄丈 2 俄尺 1 俄寸,余数是 2 俄寸.

2. 第二种情况:时间计算

问题1:一艘蒸汽船于4月27日上午7时离开港口,航行6个月8天21小时40分钟后返回港口,则这艘船返回的具体时间是什么?

第一种方法:当我们说从某月某天某时已经过去了1个月,表示现在是下个月的同一时刻.

例如,4月27日(上午7时)已经过去了1个月,表示现在是5月27日(上午7时),知道这一点将有利于解决我们的问题.

这艘蒸汽船返回的时间是出发时间之后的6个月8天21小时40分钟.这表示它出发先过了6个月,然后又过了8天,接着过了21小时40分钟,最后返回.

4月27日(上午7时)一个月后是5月27日(上午7时);两个月后是6月27日(上午7时);继续这样计算,6个月后是10月27日(上午7时).在这之后又过了8天,由于10月有31天,这8天中有4天在10月,其余4天在11月,此时是11月4日(早上7时).

然后又过去21个小时,如果过去24小时,就应该是11月5日上午7点,但21小时比24小时提前了3个小时,所以是11月5日4时;最后又过了40分钟,即11月5日4时40分蒸汽船返回.

上述时间的计算方法是通常方法,在解决问题时,年、月、日的顺序都应事先确定,因为年和月的时间间隔都不完全相同,这就要求我们要按年、月、日的顺序来计算,才能保证时间的准确性.

又例如,在4月27日之后又过了6个月8天,问现在是哪天?

这个问题可以通过以下的方法来求解:由于4月27日过去6个月是10月27日,再过去8天是11月4日;但若先计算过去8天就是5月5日,然后又过去6个月是11月5日(图1).

4 月 27 日之后的 6 个月
(1)4 月 27 日—5 月 27 日 …… 30 天
(2)5 月 27 日—6 月 27 日 …… 31 天
(3)6 月 27 日—7 月 27 日 …… 30 天
(4)7 月 27 日—8 月 27 日 …… 31 天
(5)8 月 27 日—9 月 27 日 …… 31 天
(6)9 月 27 日—10 月 27 日 …… 30 天

5 月 5 日之后的 6 个月
(1)5 月 5 日—6 月 5 日 …… 31 天
(2)6 月 5 日—7 月 5 日 …… 30 天
(3)7 月 5 日—8 月 5 日 …… 31 天
(4)8 月 5 日—9 月 5 日 …… 31 天
(5)9 月 5 日—10 月 5 日 …… 30 天
(6)10 月 5 日—11 月 5 日 …… 31 天

图 1

事实证明,在 4 月 27 日之后过了 6 个月 8 天,应先计算月份再计算天数,原因可从下面的分析中得出.

如果一个事件与另一个事件的时间间隔(例如从蒸汽船出发到返回)较短,这是解决此类问题的通法.

除此之外,还有更简便的方法:首先求从年初到现在已经过去多长时间,即从 1 月 1 日至 4 月 27 日上午 7 时过去了三个月(1 月、2 月和 3 月)和 26 天,离开时是早上 7 时,表示又过了 7 个小时(即 4 月 27 日这天又过了 7 个小时).

所以,从年初到蒸汽船离开,已经过去 3 个月 26 天 7 小时,再加上蒸汽船航行的时间(6 个月 8 天 21 小时 40 分钟).

```
      3 月 26 日   7 时
  +   6 月   8 日 21 时 40 分
      9 月 34 日 28 时 40 分
     10 月   4 日   4 时 40 分
```

将 28 小时转化为 1 天 4 小时,也就是 35 天,然后将 35 天转化成月,就需要考虑这月有多少天.

从年初到现在已经过去 9 个月,这意味 35 天有一部分在 10 月,而 10 月有 31

天,因此 35 天减去 31 天,还剩 4 天.

从年初至返回,已经过去 10 个月 4 天 4 小时 40 分钟,但这并不是问题的最终答案,因为需要知道船的回来时间,而不是要知道从年初到船回来多长时间.

因此,如果已经过去 10 个月,那就到了 11 月,该月已经过去 4 天,那就到了 11 月 5 日.于是,蒸汽船于 11 月 5 日 4 时 40 分返回.

问题 2:一个人旅游了 4 个月 25 天 19 小时,并于 11 月 5 日 14 时 10 分回到家,问旅游者什么时候离开家的?

上述问题可以这样理解,这个旅游者先旅游了 4 个月,接着旅游 25 天,然后又旅游 19 个小时,最后回家,回到家时是 11 月 5 日 14 时 10 分.

因此,为确定旅游者离开的时间,可以从 11 月 5 日 14 时 10 分开始计算,先是往前推 19 小时,然后再往前推 25 天,最后再往前推 4 个月.

如果先不往前推 19 个小时,而是推 24 个小时,将推到 11 月 4 日 14 时 10 分,但 19 个小时比 24 个小时少 5 个小时,所以再往后推 5 个小时,即 11 月 4 日 19 时 10 分;接着再往前推 25 天,可以先推 4 天,也就是 10 月 31 日,接着再往前推 21 天,也就是 10 月 10 日 19 时 10 分;最后往前推 4 个月,推到 6 月 10 日 19 时 10 分.

如果所求的时间间隔较大,那么用以下方法来解决.

第二种方法:首先求年初至 11 月 5 日 14 时 10 分有多长时间,即 10 个月(1 月,2 月,……,10 月)4 天,然后还要计算多少小时和分钟,午夜零时是一天的开始,从午夜到正午为 12 个小时.

那就先算 4 个月,再算 25 天,最后算 19 小时.

在 14 时 10 分返回意味着从这天的午夜到返回时已经过去 14 个小时 10 分钟,从年初到旅游者返回,一共有 10 个月 4 天 14 小时 10 分钟,那就从中减去在旅途中的时间即可.

$$
\begin{array}{r}
10\text{个月} \quad 4\text{天} \quad 14\text{小时} \quad 10\text{分} \\
-\quad 4\text{个月} \quad 25\text{天} \quad 19\text{小时} \quad 0\text{分} \\
\hline
5\text{个月} \quad 9\text{天} \quad 19\text{小时} \quad 10\text{分}
\end{array}
$$

在计算天数时,需要把一个月划分成天数,由于每个月份的天数不一定相同,所以必须弄清楚这个月有多少天.

我们知道 14 个小时不能减去 19 个小时,所以要在 4 天中借一天,当成 24 小时来计算,那么还剩 3 天,减去的 3 天属于 11 月(从年初到现在已经过了 10 个月),由于 11 月的 3 天不能减去 25 天,我们必须在第 10 个月中减去一些天. 由于 10 月一共有 31 天,31 天加上 11 月的 3 天,一共 34 天.

通过减法运算,发现从年初到旅游者出发去旅行,一共是 5 个月 9 天 19 小时 10 分钟,但这不是最终的答案,因为我们需要知道旅行者是什么时候离开的.

如果过去了 5 个月,那就到了 6 月,该月已经过去了 9 天,那就是 6 月 10 日. 此外,10 日又过了 19 个小时 10 分钟.

因此,时钟将显示为 19 时 10 分,所以旅游者在同年的 6 月 10 日 19 时 10 分出发.

问题 3:亚历山大一世于 1801 年 3 月 12 日被任命为国王,逝于 1825 年 11 月 19 日,则亚历山大一世在位多长时间?

第一种方法:1801 年 3 月 12 日至 1825 年 3 月 12 日为 24 年,1825 年 3 月 12 日至同年 11 月 12 日为 8 个月,最后,11 月 12 日至 11 月 19 日为 7 天,所以亚历山大一世在位 24 年 8 个月 7 天.

第二种方法:以 1800 年为起始,到 1801 年 3 月 12 日为 1 年 3 月 12 天,到 1825 年 11 月 19 日,经过了 25 年 11 个月 19 天,为得出答案,只需第二个时间减去第一个时间,这便是问题的答案,即亚历山大一世在位 24 年 8 个月 7 天.

§106 时间的精确计算

上述例子都是日历上的单位,即年和月,其时间跨度不完全相同.

通常,时间跨度应以恒定单位表示,即以"周"和"天"这样恒定的单位来表示.

日历可用于解决实际生活中的许多问题.比如,当不需要准确知道某段时间的跨度,只需知道几年或几月.又比如,支付工资时通常以月为单位进行计算.

用下面的两个例子来说明时间跨度的精确计算.

在日历中,某年与次年同一时间的时间跨度(例如 1896 年 3 月 15 日至 1897 年 3 月 15 日)为一年;同样,某月与次月同一时间的时间跨度(例如 5 月 13 日下午 2 时至 6 月 13 日下午 2 时)为一个月.

年与年之间的时间跨度是 366 天或 365 天,这取决于这一年是否有 2 月 29 日.

例如,1895 年 5 月 15 日至 1896 年 5 月 15 日为 366 天,因为 1896 年有 2 月 29 日(1896 年是闰年);而 1896 年 5 月 15 日至 1897 年 5 月 15 日为 365 天,因为 1897 年 2 月只有 28 天.

月与月之间的时间跨度可以是 28,29,30,31 天,这取决于该月的最后一天是 28 日,29 日,30 还是 31 日.

例如,1896 年 2 月 20 日至 1896 年 3 月 20 日,因为这一年 2 月有 29 天,所以时间跨度为 29 天;1897 年 2 月 20 日至 1897 年 3 月 20 日,因为这一年 2 月有 28 天,所以时间跨度为 28 天;某年 3 月 20 日至某年 4 月 20 日,由于 3 月有 31 天,所以时间跨度为 31 天;某年 4 月 20 日至某年 5 月 20 日,由于 4 月有 30 天,所以时间跨度为 30 天.

有了以上几种情况,我们可以分析下面的问题.

例 1 某一事件开始时间为 1890 年 9 月 13 日,结束时间为 1897 年 6 月 2 日,计算此事件持续了多长时间?确定其持续时间的准确值,即事件开始到事件结束的持续时间.

首先计算出间隔多少天,假设一年有 365 天,一个月有 30 天,那么一共间隔的天数是:$365 \cdot 6 + 30 \cdot 8 + 20 = 2190 + 240 + 20 = 2450$.

现在来检验这个时间的正确性.

第一步,检验年份,判断间隔的 6 年中有几年是闰年,1892 年和 1896 年是闰年,这两年有 2 月 29 日. 因此,总的天数要增加 2 天.

第二步,检验月份,从 1890 年 9 月 13 日开始,过去 6 年到 1896 年 9 月 13 日,然后又从 1896 年 9 月 13 日到 1897 年 5 月 13 日,也就是 8 个月. 在这 8 个月中,有 4 个月是 31 天,分别是 10 月,12 月,1 月和 3 月;此外,1897 年是平年,2 月有 28 天. 因此,这 8 个月的总天数需要增加($4 - 2$)天. 因此,总天数需增加($2 + 4 - 2$)天,即增加 4 天,所以总天数是 2454 天.

例 2 某一事件持续了 800 天 20 小时 13 分钟,开始时间是 1893 年 2 月 18 日 19 时 40 分,求其结束时间.

首先假设一年为 365 天,一个月为 30 天,则 800 天为 2 年 2 个月 10 天;从公元元年开始已经过去了 1892 年 1 个月 17 天 19 小时 40 分钟,把这个时间也加上.

	1892年1月17日19时40分
+	2年2月10日20时13分
	1894年3月28日15时53分

现在来检验假设 800 天为 2 年 2 个月 10 天是否准确.

1893 年 2 月 18 日至 1895 年 2 月 18 日,这期间没有闰年,因此假设一年 365 天正确.

从 1895 年 2 月 18 日到 1895 年 3 月 18 日,共 28 天;从 1895 年 3 月 18 日到 1895 年 4 月 18 日,共 31 天,所以两个月一共 59 天.

但我们假设这两个月是 60 天,这意味 800 天不是 2 年 2 个月 10 天,而是 2 年 2 个月 11 天. 因此我们必须在算出的时间再增加 1 天.

那么从公元元年开始到此事件结束一共是 1894 年 3 个月 29 天 15 个小时 53 分钟. 因此,此事件于 1895 年 4 月 30 日 15 时 53 分结束.

第3章　数的可整除性

讨论完整数,接下来研究小数. 小数与整数类似,其形式更为普遍. 只有弄清整数的性质,才能对小数的性质进行详细研究.

第1节　可整除的标志

§107　公理:当一个整数除以另一个整数时,商是整数且余数是零,为简洁起见,只说一个整数被另一个整数整除即可

例如,15 能被 3 整除,但不能被 4 整除.

下面给出一些公理,在不做具体运算的情况下,就可以验证一个数是否能被其他的数整除. 公理如下:

(1) 若加法运算中的每个加数都能被同一个数整除,那么其和就能被这个数整除.

例如,在"15 + 20 + 40"这个加法运算中,每个加数都能被 5 整除.

具体理解为:每个加数都是 5 的倍数,3 个 5 是 15,4 个 5 是 20,8 个 5 是 40,即和是 15 个 5,因此和能被 5 整除.

注意,若加法运算中的每个加数都不能被某个数整除,其和有可能被这个数整除. 例如,17 和 8 都不能被 5 整除,但和 17 + 8 即 25 却能被 5 整除.

(2) 对于两个加数,其中一个可以被某个数整除,而另一个不能被这个数整除,则和不能被这个数整除.

例如,以 20 和 17 为例,20 可以被 5 整除,而 17 不能被 5 整除,在这种情况

下,20 + 17 即 47 不能被 5 整除.

§108 被 2 整除的标志

能被 2 整除的数都是偶数,不能被 2 整除的数都是奇数. 由于一个偶数可以被 2 整除,所以多个偶数之和也可以被 2 整除.

以 0 结尾的数都是几个 10 的和. 例如,430 是 43 个 10 的总和,也说明以 0 结尾的数都能被 2 整除.

对于两个数,一个是奇数,另一个是偶数. 例如,327 和 328. 它们可用以下方式表示:327 = 320 + 7;328 = 320 + 8. 这里,320 以 0 结尾,因此能被 2 整除,而 7 不能被 2 整除,因此 327 不能被 2 整除(对于两个加数,其中一个可以被某个数整除,而另一个不能被这个数整除,则和就不能被这个数整除);而 8 能被 2 整除,因此 328 能被 2 整除(若加法运算中的每个加数都能被同一个数整除,那么其和就能被这个数整除). 由此可见,一个数只有以零或偶数结尾才可以被 2 整除.

§109 被 4 整除的标志

由于 100 能被 4 整除,所以 100 的倍数都能被 4 整除.

若一个数以 2 个零结尾,则它是 100 的倍数,因此,以 2 个零结尾的数都能被 4 整除.

任取两个数,一个数的最后两位数不能被 4 整除,而另一个数的最后两位数能被 4 整除. 例如,2350 和 2348 可以用以下方式表示:2350 = 2300 + 50;2348 = 2300 + 48. 在这里,2300 以 2 个零结尾,能被 4 整除,50 不能被 4 整除,因此 2350 不能被 4 整除(对于两个加数,其中一个能被某个数整除,而另一个不能被这个数整除,则其和就不能被这个数整除);而 48 能被 4 整除,因此 2348 能被 4 整除.（若加法运算中的每个加数都能被同一个数整除,则其和就能被这个数整除).由此可见,一个数以 2 个零结尾或其结尾的两位数能被 4 整除,这个数才能被 4 整除.

§110　被 8 整除的标志

由于 1000 能被 8 整除,所以 1000 的倍数都能被 8 整除.因此,任何一个以 3 个零结尾的数都能被 8 整除.

以同样的方式,可以推出被 25 整除的标志.

任取两个数,一个数结尾的三位数不能被 8 整除,而另一个数结尾的三位数可以被 8 整除.例如,73150 和 73152 可以用以下方式表示:73150 = 73000 +150;73152 = 73000 + 152.由于 150 不能被 8 整除,但 152 能被 8 整除,所以 73150 不能被 8 整除,73152 能被 8 整除.由此可见,一个数以 3 个零结尾或其结尾的三位数能被 8 整除,这个数才可以被 8 整除.

§111　被 5 和 10 整除的标志

若一个数以 0 结尾,则其能被 5 和 10 整除,若不以 0 结尾,则不能被 10 整除,并且其个位数是 5 才能被 5 整除.所以,以 0 或 5 结尾的数能被 5 整除,以 0 结尾的数能被 10 整除.

§112　被 3 和 9 整除的标志

若一个数的各个数位上都是 9,则其能被 3 和 9 整除,即 9,99,999 等都能被 3 和 9 整除.

例如,999 : 3 = 333;9999 : 3 = 3 333;999 : 9 = 111;9999 : 9 = 1111;等等.

类似地,可以得出能被 125 整除的标志. 比如 2457,并将其分解为多个数的和,即 2457 = 1000 + 1000 + 100 + 100 + 100 + 100 + 10 + 10 + 10 + 10 + 10 + 7.

将 1000 分解为 999 和 1,100 分解为 99 和 1,10 分解为 9 和 1. 则 2000 等于 2 个 999 加 2 个 1,400 等于 4 个 99 加 4 个 1,50 为 5 个 9 加 5 个 1.

因此,2457 = 999 + 999 + 2 + 99 + 99 + 99 + 99 + 4 + 9 + 9 + 9 + 9 + 9 + 5 + 7.

这里,999,99 和 9 都能被 3 和 9 整除,因此,这个数能否被 3 和 9 整除就取决于 2 + 4 + 5 + 7 的和,如果这个和能被 3 和 9 整除,那么这个数就能被 3 和 9 整除. 通过计算,和是 18,能被 3 和 9 整除. 因此,2457 能被 3 和 9 整除.

§113　被 6 整除的标志

如果一个数能被 6 整除,那么它一定能被 2 和 3 整除. 事实上,如果一个数能被 6 整除,那么就可以被分解为多个 6 相加,即表示为一个和:6 + 6 + 6 + 6 + ……

由于每一个 6 都可以分解成 2 乘以 3,所以这个数也可以被分解成多个 2 乘以 3,因此这个数一定能被 2 和 3 整除. 所以一个数不能被 2 或 3 整除(例如,45 不能被 2 整除,50 不能被 3 整除,那 45 和 50 都不能被 6 整除),就一定不能被 6 整除.

例如,534 能被 2 和 3 整除,下面验证它也能被 6 整除. 若 534 能被 3 整除,那么它能被分成 3 等份.

前两份是一组,那么 534 表示为两个数的和,如下所示.

$$534$$

第一个加数,由两个相等的数组成,当然可以被 2 整除;若第二个加数不能被 2 整除,那么 534 就不能被 2 整除(若一个数以两个零结尾,则它是 100 的倍数,因此,以两个零结尾的数都能被 4 整除).

由于 534 能被 2 整除,因此第二个加数也能被 2 整除,而第二个加数是 534 的第三份,若第三部分也能被 2 整除,那么这个数就能被 6 整除.

由此可见,只有同时被 2 和 3 整除的数才能被 6 整除,即以偶数结尾且各个数位加起来能被 3 整除的数才能被 6 整除.

若已经学习质数的相关知识,可用以下方式来解释被 6 整除的标志:如果一个数能被 2 整除,同时又能被 3 整除,这意味着这个数的二分之一是一个整数,这个数的三分之一也是一个整数,在这种情况下,这个数的二分之一与三分之一的差也必然是一个整数,差为这个数的六分之一,那么这个数能被 6 整除.

§114　被 12,18 和 15 整除的标志

同时被 3 和 4 整除的数能被 12 整除;同时被 2 和 9 整除的数能被 18 整除;同时被 3 和 5 整除的数能被 15 整除.

对 15 来说,可整除性标志的充分性推导如下:取一个数,例如 75,能同时被 3 和 5 整除. 我们需要证明它能被 15 整除:如果 75 能被 5 整除,那么这个数可以被分成 5 等份,接着将这 5 份分成 2 组:一组 3 份,另一组 2 份. 由于 75 能被 3 整除,而 3 份的一组显然能被 3 整除,那么另一组(2 份)也必须能被 3 整除. 注意到这一点,现在让我们把 5 份分成 3 组:2 份,2 份和 1 份. 正如刚才所解释的那样,由于 2 份组成的组能被 3 整除,因此,由 1 份组成的那组也能被 3 整除,也就是这 5 份都能被分成 3 等份,那么这个数就被分成 15 等份.

§115　多个数之积的整除性问题

定理 1:如果乘积 $a_1 a_2$ 能被 p 整除,并且 a_1 与 p 除 1 以外没有共同的因数,那么 a_2 能被 p 整除.

首先假设 $a_1 > p$. 用 a_1 除以 p, 商和余数分别为 q 和 r, 即 $a_1 = pq + r$.

对于余数 r:（1）它不等于 0;（2）r 与 p 除 1 以外没有相同的因数.

事实上, 若 $r = 0$, $a_1 = pq$, 那么 a_1 能被 p 整除, 这与 a_1 和 p 没有相同的因数矛盾; 假设 p 和 r 有相同的除数 $t > 1$, 那么 a_1 可被 t 整除, 因此, a_1 和 p 将有一个相同的因数 $t > 1$, 这与已知条件相矛盾.

如果 r 不等于 1, 那么用 p 除以 r, 把商和余数分别表示为 q_1, r_1, 有 $p = rq_1 + r_1$.

由于 p 和 r 除 1 以外没有相同的因数, 则得到:（1）r_1 不等于 0;（2）r 和 r_1 除 1 以外没有相同的因数.

如果 r_1 不等于 1, 用 r 除以 r_1, 从而得到余数 r_2 不等于 0, 并且和其他数除了 1 以外没有相同的因数; 如果 r_2 不等于 1, 那就用 r_1 除以 r_2; ……, 这样就得到下面一系列等式: $a_1 = pq + r$, $p = rq_1 + r_1$, $r = r_1q_2 + r_2$, $r_1 = r_2q_3 + r_3$, ….

余数 $r_1, r_2, r_3, \cdots$ 都不等于零, 由于除法运算中的余数必须小于除数, 因此 $r < p$, $r_1 < r$, $r_2 < r_1$; 等等. 因此, 经过足够多次的除法, 最终得出余数是 1.

令 $r_n = 1$, 那么 $r_{n-2} = r_{n-1}q_n + 1$, 将以下每一个等式乘以 a_2, 即 $a_1a_2 = pqa_2 + ra_2$, $pa_2 = rq_1a_2 + r_1a_2$, $ra_2 = r_1q_2a_2 + r_2a_2$, $r_{n-2}a_2 = r_{n-1}q_na_2 + a_2$.

在第一个等式中, a_1a_2 按照给定条件能被 p 整除, 所以 $pqa_2 + ra_2$ 能被 p 整除, 则第一个加数可以被 p 整除, 第二个加数 ra_2 也能被 p 整除. 在第二个等式中 r_1a_2 和另一个加数 $(ra_2)q_1$ 能被 p 整除, 因此第二个等式的和也能被 p 整除. 接下来研究第三个等式、第四个等式、第五个等式; 等等, 一直到最后一个等式, 由此得出结论: a_2 能被 p 整除.

若 $a_1 < p$, 用 p 除以 a_1, 然后用 a_1 再除以余数, 接着用第一个余数除以第二个余数, 等等. 对于这些等式, 显然可以应用上面同样的推导方法, 能得出结论: a_2 能被 p 整除.

定理 2: 若 a 能被 p 和 q 整除, 并且 p 和 q 除了 1 以外没有共同的因数, 则 a

能被 pq 的乘积整除.

证明:首次将 a 除以 p 的商记为 Q,即 $a = pQ$.

由于 a 能被 q 整除,则可以得出 pQ 能被 q 整除,但 p 和 q 除了 1 之外没有相同的因数,因此根据定理 1,Q 能被 q 整除,那么令这个除法的商为 Q_1,则 $Q = qQ_1$,代入得 $a = p(qQ_1) = (pq)Q_1$,这里,a 是两个乘数 (pq) 和 Q_1 的乘积,所以 a 能被 pq 整除.

从这个定理推导出,如果一个数能被 2 和 3 整除,它就能被 6 整除;如果一个数能被 3 和 4 整除,它就能被 12 整除;等等.

§116　被 7,11,13 整除的标志

一个数能否被 7,11,13 整除,只需划掉这个数的后三位数,然后用划掉的数减去剩下的数,若余数为 0,那么该数就能被 7,11,13 整除.

例如,1000 + 1 能被 7,11,13 整除. 假设在给定的数中,a 是千位数,而 b 由百位数、十位数和个位数组成,那么这个数可以表示为 $a \cdot 1000 + b$,它等于 $a \cdot 1001 + (b - a)$.

如果 $a > b$,那么最后一个表达式可以表示为 $a \cdot 1001 + (a - b)$;如果 $b > a$,表示为 $a \cdot 1001 + (b - a)$.若 $a - b$ 或 $b - a$ 都能被 7,11,13 整除或为 0,由于 1001 能被 7,11,13 整除,则这个数的两部分都能被 7,11,13 整除,那么其和一定能被 7,11,13 整除.

例如,11673207 能否被 7 整除,首先划掉最后三位数字,用其余的数减去划掉的数.

$$
\begin{array}{r}
11673\!\!\!\not{207} \\
-207 \\
\hline
11466
\end{array}
$$

这个数能否被 7 整除,用同样的方法,455 能被 7 整除,因此这个数能被 7 整除.

$$
\begin{array}{r}
11\cancel{466} \\
466 \\
-\quad 11 \\
\hline
455
\end{array}
$$

§117 被 37 整除的标志

要想知道一个数能否被 37 整除,只需划掉这个数的的后三位,将剩下的数与划掉的数相加,若其和能被 37 整除,那么这个数能被 37 整除.

例如,$1000 - 1$,即 999 能被 37 整除.

这可以直接证明,该数可以表示为 $a \cdot 1000 + b$,也可以表示为 $a \cdot 999 + (b + a)$. 因为 $a \cdot 999$ 能被 37 整除,这个数能否被 37 整除取决于 $b + a$,这需要具体运算.

第 2 节 质数和合数

§118 定义

两个定义:

(1) 只能被 1 和它本身整除的数称为质数.

例如,7 是质数,因为 7 只能被 1 和 7 整除.

(2) 不仅能被 1 和它本身整除,还能被其他数整除的数称为合数.

例如,12 不仅能被 1 和 12 整除,还能被 2,3,4,6 整除.

小于 100 的质数有 25 个,分别是 2,3,5,7,11,13,17,19,23,29,31,37,41,43,47,53,59,61,67,71,73,79,83,89,97.

注意,质数也称为"素数"或"绝对素数".

§119　定理：每个合数都能被大于 1 的质数整除

N 是一个合数，N 可以被某个大于 1 且小于 N 的数 t 整除.

如果 t 是一个质数，该定理就得到了证明；如果 t 是一个合数，它可以被某个大于 1 且小于 t 的数 t_1 整除. 在这种情况下，N 也能被数 t_1 整除，如果 t_1 是一个质数，定理就被证明；如果 t_1 是一个合数，那么它能被某个大于 1 又小于 t_1 的数 t_2 整除，因此可以确定 N 总能被某个大于 1 的质数整除.

§120　定理：有无限多个质数

用反证法来证明，即假设质数的数量是有限的.

在这种情况下，一定存在最大的质数，设这个数为 a，那么所有质数都满足这样从小到大的顺序：$2,3,5,7,11,\cdots,a$. 为了推翻这个假设，让我们来考虑一下这个新数 N 是如何得来的，$N = (2 \times 3 \times 5 \times 7 \times \cdots \times a) + 1$，即把从 2 到 a 的质数相乘，然后再加 1.

由于 N 明显大于 a，而 a 被认为是最大的质数，所以 N 必须是一个合数，但正如上面所证明的，一个合数能被某个大于 1 的质数所整除.

因此，N 能被这个范围内的数整除 $(2,3,5,7,11,\cdots,a)$，但这是不可能的，因为 N 是两个加数的和，其中第一个加数 $(2 \times 3 \times 5 \times 7 \times \cdots \times a)$ 可以被范围中的任何数整除，而第二个加数 1 不能被这些数中的任何一个整除.

因此，不可能有最大的质数，若没有最大的质数，那么质数就有无数个.

§121　得到一系列的连续质数

最简单的方法：首先列出从 1 到 a 一排自然数，然后去掉所有 2 的倍数，3 的倍数，5 的倍数，7 的倍数，11 的倍数，等等.

另一种更简单的方法:先写出从1到a的所有奇数,划掉数3之后的每个第3个数,5之后的每个第5个数,7之后的每个第7个数,等等.

为解释这个方法,假设想划掉所有能整除7的合数. 最小能整除7的数是7. 但7是质数,不应该被划掉,由于两个相邻奇数之间相差2,7后面的数是7 + 2,7 + (2·2),7 + (2·3),7 + (2·4),等等.

很明显,第一个能整除7的数是7 + (2·7),它是7之后的第7个数,然后只有7 + (2·7)之后的第7个数才能被7整除. 总之,7之后的每个第7个数都是7的倍数,其他的数都不是7的倍数.

这就是埃拉托斯芬筛选法,生活在公元前3世纪的亚历山大数学家埃拉托斯芬在一块用蜡覆盖的板子上写数,并在那些被2,3,5等整除的数上戳洞,这使板子看起来像一个筛子,通过这个筛子,就可以找到合数.

76

第3节　关于合数

一、将一个合数分解质因数

§122　定义

将一个合数分解质因数意味着将这个数分解为几个质数的乘积.

例如,将12分解质因数,就是将12分解为12 = 2·2·3.

§123　分解质因数的步骤

将某个合数分解质因数,例如,420通过可整除性的标志,找到可整除420的最小质数,这个数是2,用420除以2,即420 : 2 = 210,因此

$$420 = 210 \cdot 2 \qquad \qquad ①$$

现在我们找出可整除合数 210 的最小质数. 这个数是 2,用 210 除以 2,即 210 : 2 = 105,因此 210 = 105 · 2. 下面用其来代替等式 ① 中的 210,即

$$420 = 105 \cdot 2 \cdot 2 \qquad \qquad ②$$

可整除合数 105 的最小质数是 3,用 105 除以 3,即 105 : 3 = 35,因此 105 = 35 · 3,用其来代替等式 ② 中的 105,即 420 = 35 · 3 · 2 · 2.

在最后一个式子中,35 等于两个质数的乘积 5 · 7,然后我们就得到了分解后的结果:420 = 5 · 7 · 3 · 2 · 2.

由于乘积不会因为改变乘数的顺序而改变,所以可以按照任何顺序来写,通常按因数从小到大的顺序书写,即 420 = 2 · 2 · 3 · 5 · 7.

§124 用简单乘法来分解质因数

77

先写出这个合数,并在其右边画一条竖直线,在这条线的右边写上可整除这个合数的最小质数,然后用这个合数除以最小的质数,商写在被除数的下面. 这个商与该合数做相同的步骤,直到商为 1 结束,那么该线右边的所有数都将是这个合数的质因数.

例如

420	2
210	2
105	3
35	5
7	7
1	

8874	2
4437	3
1479	3
493	17
29	29
1	

对于数 493,很难看出它能被哪个数整除,在这种情况下,我们可以参考质数表,如果它在质数表中,它只能被本身整除,但 493 不在质数表中,因此它是一个合数,能被某个大于 1 的质数整除.

接下来尝试用它去除以 7,11,13 等,直到没有余数. 最终发现,493 能被 17 整除,商为 29,那么我们就完成了分解步骤.

§125　减少分解过程

若一个合数较小,其质因数可以写成一行. 例如,$72 = 2 \cdot 2 \cdot 2 \cdot 3 \cdot 3$. 这里, 72 等于 2 乘以 36,36 等于 2 乘以 18,18 等于 2 乘以 9,等等.

若一个数很容易分解,则首先将其分解成一些因子,然后再将每个因子分解质因数,这样做是快速的.

例如,$14000 = 1000 \cdot 14 = 10 \cdot 10 \cdot 10 \cdot 14 = 2 \cdot 5 \cdot 2 \cdot 5 \cdot 2 \cdot 5 \cdot 2 \cdot 7$.

注意,若一个数在展开式中多次重复,可以用幂的符号(§62)将其改写成简略形式. 因此,$14000 = 2 \cdot 2 \cdot 2 \cdot 2 \cdot 5 \cdot 5 \cdot 5 \cdot 7$,可以写成 $14000 = 2^4 \cdot 5^3 \cdot 7$, 这里 4 和 3 在右上角,表示这个数被乘以了多少次.

§126　分解的性质

每个合数都只有唯一的一个质因数分解式.

例如,数 14000 无论我们怎么分解,得到的式子总是相同的,其中有 4 个 2, 3 个 5,1 个 7(当然这些因子可以以任何顺序排列).

假设某个数 N 有两个不同的质因数分解: $N = abc\cdots$ 和 $N = a_1 b_1 c_1 \cdots$.

因此 $abc\cdots = a_1 b_1 c_1 \cdots$,在这个等式中,左边能被 a 整除,这意味着右边也能被 a 整除,但这个数是质数,因此得出在 $a_1 b_1 c_1 \cdots$ 中只有一个因子能被 a 整除时,它才能被 a 整除. 为此,会有 $b_1, c_1, \cdots$ 中的一个数等于 a,令 $a_1 = a$,将等式的两边都除以 a,得到 $bc\cdots = b_1 c_1 \cdots$.

与前面类似,$b_1, c_1, \cdots$ 中的一个数等于 b. 令 $b_1 = b$,那么 $cd\cdots = c_1 d_1 \cdots$,依此类推,得到第一个分解的所有乘数都包含在第二个中,将相等的两部分除以 a_1,第一个分解中有一个 a_1. 因此,与前面类似,第二个分解的所有因数也都包含在第一个中. 由此可见,这两个分解只在顺序上有所不同,而不是因数不同,换言之,这两个分解是相同的.

二、求一个合数的因数

§127　定义

若一个数能被另一个数整除,则这个另一个数就叫作第一个数的因数. 例如,若 40 能被 8 整除,称 8 是 40 的因数.

任何质数都只有 1 和其本身两个因数. 例如,11 只有 1 和 11 两个因数.

任何合数都有两个以上的因数. 例如,6 有 4 个因数,分别是 1,2,3 和 6,其中 2,3 是质数,6 是合数.

一个合数的因数可以通过以下公理求出.

公理:求一个合数的所有因数,首先要把它分解质因数,这些质因数都是这个数的因数,其他因数是由这些质因数乘以 2,3,4,… 得到的.

例如,求 420 的因数. 首先把这个数分解质因数,$420 = 2 \cdot 2 \cdot 3 \cdot 5 \cdot 7$. 很容易理解,420 能被它的每一个质因数整除. 比如,420 能被 5 整除,它可以表示为乘积 $(2 \cdot 2 \cdot 3 \cdot 7) \cdot 5 = 84 \cdot 5$.

因此,一个合数的质因数也是其因数. 为了找到其他因数,考虑到乘积中的乘数合并成不同的组,可以这样合并分组 $420 = (2 \cdot 3) \cdot (2 \cdot 5 \cdot 7) = 6 \cdot 70$.

现在,420 等于 6 乘以 70,因此 420 可以被 6 和 70 整除,将乘数合并为其他组,同样发现,420 可以被它的任何一个质因数整除.

注意:要求一个合数除以其中任何一个因数得到的商,只需从合数的质因数分解式中删掉那个因数,然后将剩余的因数相乘即可.

例如,要求 420 除以 70 的商,我们从质因数分解式 $420 = 2 \cdot 2 \cdot 3 \cdot 5 \cdot 7$ 中删掉因数 2,5 和 7,其积为 70,然后将剩余的因数 2 和 3 相乘(等于 6)即可.

§128 定理：一个合数除了通过上述公理得到的因数外，没有其他因数

设 P 是 N 的一个因数，Q 表示 N 除以 P 的商，即 $N = PQ$. 下面对 P 和 Q 分别分解质因数，并代入 $N = PQ$ 中，得到 N 的分解式，由于 N 没有其他的分解式，便得出结论，因数 P 包含在 N 的分解式中.

第 4 节　几个数的最大公因数

§129 定义：几个数的最大公因数是可整除这些数的最大数

例如，三个数 12，30 和 24 的最大公因数是 6，因为 6 是可整除这些数的最大数.

最大公因数为 1 的两个数，称为互质的. 例如，14 和 15 的最大公因数是 1. 下面将给出两种寻找几个数的最大公因数的方法.

一、通过分解质因数法找到最大公因数

§130 公理：为了找到几个数的最大公因数，需要将这些数分解成质因数，并将所有数共有的质因数相乘

例如，求 180 和 126 的最大公因数，首先将其分解为质因数，即 $180 = 2 \cdot 2 \cdot 3 \cdot 3 \cdot 5$；$126 = 2 \cdot 3 \cdot 3 \cdot 7$.

将这些质因数做比较，它们有共同的因数，即 2，3 和 3，这些因数是 180 和 126 的共同的因数，将其共同因数相乘，就得到最大公因数，即 $2 \cdot 3 \cdot 3 = 18$.

我们还可以求三个数的最大公因数：210，1260 和 245.

首先对这些数进行分解，如下所示：

```
210|2   1260|2   245|5
105|3    630|2    49|7
 35|5    315|3     7|7
  7|7    105|3
          35|5
           7|7
```

这些数的最大公因数等于公因数 5 和 7 的乘积, 即 35.

二、通过辗转相除法求最大公因数

§131　当用这种方法求两个数的最大公因数时, 基于两个定理

两个定理:

(1) 若两个数中较大的数能被较小的数整除, 那么较小的数就是这两个数的最大公因数.

例如, 对于 54 和 18, 其中较大的数 54 能被较小的数 18 整除, 18 也能被 18 整除, 这意味 18 是 54 和 18 的公因数. 同时也是最大公因数, 因为 18 不能被大于 18 的数整除.

(2) 若两个数中较大数不能被较小数整除, 则它们的最大公因数就是较小数和较大数除以较小数的余数的最大公因数.

例如, 对于 85 和 30, 其中较大数 85 不能被较小数 30 整除, 接着用较大数 85 除以较小数 30, 即 $85 : 30 = 2$ (余 25), 85 和 30 的最大公因数便是 30 和 25 的最大公因数. 由于被除数等于除数乘以商加上余数, 所以 $85 = (30 \cdot 2) + 25$.

因此, 85 表示为两个数的和, 一个是 $30 \cdot 2$, 另一个是 25.

若 30 能被某个数整除, 则积 $30 \cdot 2$ 也能被这个数整除, 则可以从上述公式中得出两个结论:

① 85 和 30 的所有公因数, 若能整除 85 与加数 $30 \cdot 2$, 也一定能整除另一个

加数 25.

②30 和 25 的所有公因数,若能整除每个加数 30·2 和 25,也一定能整除和 85.

这意味着两对整数(85 和 30)和(30 和 25)有相同的公因数. 因此,它们一定有相同的最大公因数.

如何运用这两个定理来寻找两个数的最大公因数?例如,求 391 和 299 的最大公因数.

用 391 除以 299,找出 299 是否是最大公因数(根据定理 1),而 399 不能被 299 整除,因此 299 不是公因数.

根据定理 2,得到 391 和 299 的最大公因数也是 299 和 92 的最大公因数.

下面计算这两个数的最大公因数. 首先用 299 除以 92,看 92 是否是最大公因数(根据定理 1),92 并不是最大公因数. 根据定理 2,299 和 92 的最大公因数是 92 和 23 的最大公因数. 接着来求这两个数的最大公因数,用 92 除以 23,发现 23 是 92 和 23 的最大公因数,因此 23 是 299 和 92 的最大公因数,也是 391 和 299 的最大公因数.

$$
\begin{array}{r|l}
391 & 299 \\
\hline
299 & 1 \\
\hline
299 & 92 \\
\hline
276 & 3 \\
\hline
92 & 23 \\
\hline
92 & 4 \\
\hline
0 &
\end{array}
$$

公理:通过辗转相除法找到两个数的最大公因数,就要用两个数中的较大数除以较小数,再用出现的余数(第一余数)去除以除数,即较小数,再用出现的余数(第二余数)去除以第一余数,如此反复,直到最后余数是 0 为止. 最后的这个除数就是这两个数的最大公因数,当一个数不容易被分解质因数时,这种方法是有效的.

§132　求三个或更多数的最大公因数的方法

用以下方法求三个数的最大公因数.

例如,78,130 和 195. 首先求两个数的最大公因数,比如 78 和 130,这两个数的最大公因数是 26.

```
        130 │78
         78  │ 1
      78 │52
       52  │ 1
    52 │26
    52 2
    ─────
      0
```

接着求 26 和 195 的最大公因数,即 13 是其最大公因数.

```
        195 │26
        182  │ 7
     26│13
     262
     ─────
      0
```

事实上,26 是 130 和 78 的最大公因数,包含了这两个数的所有公因数,13 是 26 和 195 的最大公因数,也包含这两个数的所有公因数.

因此,13 包含这三个数的所有公因数,因此 13 是这三个数的最大公因数.

同样,如果要求 4 个或更多数的最大公因数,首先要找到前两个数的最大公因数,然后找到这个最大公因数与第三个数的最大公因数,然后求这个最大公因数与第四个数的最大公因数,依此类推.

三、几个数的最小公倍数

§133 定义

定义:

(1) 几个数的公倍数是可以被这几个数整除的数.

对于一个数,可以找到无数个它的倍数,只要将这个数乘以1,乘以2,乘以3,乘以4,等等.因此,9的倍数是 $9 \times 1 = 9, 9 \times 2 = 18, 9 \times 3 = 27, 9 \times 4 = 36$,等等.

(2) 几个数的最小公倍数是能被这些数中的每一个整除的最小数.

因此,三个数6,15和20的最小公倍数是60,因为没有其他比60小的数能被6,15和20整除.

根据以下公理,可以求得几个数的最小公倍数.

公理:首先将这些数分解质因数,然后取其中一个数的所有质因数,并将另一个数独有的质因数与它相乘,然后再乘上第三个数独有的质因数,依此类推.可以简单理解为把几个数先分解质因数,再把各数中共有的质因数和独有的质因数提取出来相乘,所得的积就是这几个数的最小公倍数.

例如,求100,40和35的最小公倍数.

首先,将这些数分别分解质因数: $100 = 2 \cdot 2 \cdot 5 \cdot 5, 40 = 2 \cdot 2 \cdot 2 \cdot 5, 35 = 5 \cdot 7$.

任何数要想被100,40和35整除,这些数的质因数必须都包含其中,首先写出100的所有质因数,并把40独有的质因数与其相乘,得到 $2 \cdot 2 \cdot 5 \cdot 5 \cdot 2$,这个数能同时被100和40整除.接着把35独有的质因数乘到这个乘积中,然后我们得到 $2 \cdot 2 \cdot 5 \cdot 5 \cdot 2 \cdot 7 = 1400$.

即1400是100,40和35的最小公倍数,如果从中去除至少一个因数,就会得到一个不能被给定数所整除的数.

通过观察发现,最小公倍数乘以任何一个数,将得到一个公倍数,但不是最小公倍数.

例如,对于 100,40 和 35,除了 1400 之外,还有公倍数 $1400 \cdot 2, 1400 \cdot 3$, $1400 \cdot 4, 1400 \cdot 5$,等等.

§134　一些特殊情况

考虑两种很容易找到最小公倍数的情况.

情况 1:给定的数没有共同的质因数.

例如,三个数 20,49,33,从分解的情况来看:$20 = 2 \cdot 2 \cdot 5, 49 = 7 \cdot 7, 33 = 3 \cdot 11$,这些数中没有共同的质因数.

对于这种情形,最小公倍数就是将所有的数相乘,即 $20 \cdot 49 \cdot 33 = 32340$.

当给定的数都是质数时,也要这样做. 例如,3,7 和 11 的最小公倍数是 $3 \cdot 7 \cdot 11 = 231$.

情况 2:在给定数中较大的一个能被其他所有数整除,那么这个最大的数就是给定数的最小公倍数.

例如,四个数 5,12,15 和 60,其中 60 能被 5,12,15 整除,当然它也能被它本身整除,所以 60 是最小公倍数.

§135　求最小公倍数的另一种方法

不把给定的数分解质因数(因为有时很困难),也可以求得最小公倍数. 对此,当给定两个数时,可用以下公理.

公理:要求两个数的最小公倍数,首先要求最大公因数,然后用其中一个数

85

除以它,再把所得的商乘以另一个数即可.

例如,求 391 和 85 的最小公倍数.

利用辗转相除法先求最大公因数,为 17,然后用 85 除以 17,等于 5,用 5 乘以另一个给定的数,即 5 乘以 391,等于 1955,其是 391 和 85 的最小公倍数.

事实上,商 85∶17 一定在 85 的质因数中,而不在 391 的质因数中.

因此,391 · (85∶17) 一定包含 391 的所有质因数,以及不包含在 391 的因数中的 85 的因数,这就是 391 和 85 的最小公倍数.

若要求三个、四个或更多给定数的最小公倍数,首先要求其中两个数的最大公因数,然后找到和第三个数的最小公倍数;依此类推.

第4章 普通分数

第1节 分数基本概念

§136 分数单位

一个单位平均分成若干份,其中的一份所表示的数量,叫作分数单位.比如,一个档案,被分成几等份,每份都有一个名称.

例如,一个单位被分成 12 等份,每份称为十二分之一;一个单位被分成 40 等份,每份称为四十分之一;等等.同样,一个单位被分成 2 等份,每份称为二分之一,也称一半;还有三分之一;四分之一;等等.

因此,一个单位被分成几等份,每份就称为整体的几分之一.

§137 分数

分数是指把某个整体分成若干份,其中的一份或几份的数量表示成一个整数 a 和一个整数 b 的比.

例如,十分之一,五分之三,七分之十二都是分数.一个整数加一个分数是带分数.例如,$3\frac{7}{8}$ 读作三又八分之七.

§138 分数的表示

分数表示方法:习惯上先写第一个数表示这个分数有多少份,然后在它下面画一条横线或斜线,在线的下面写另一个数表示该分数被分成了多少等份.

例如,分数五分之三表示为 $\frac{3}{5}$ 或 3/5,横线或斜线下方的数称为分母,表示一个单位被分成几等份;上方的数称为分子,表示有几等份,两个数合在一起称为分数.

带分数的表示方法:先写整数,并在其右边写分数.

例如,三又七分之二表示为 $3\frac{2}{7}$ 或 3(2/7).

§139   分数的由来

假设用一个已知长度的物体来测量某一物体的长度,若这个物体的长度是这个已知物体长度的 7 倍但不足 8 倍,则不足 1 倍的部分可以用一个分数来表示. 为求此分数,可以将已知长度物体的长度分成几等份,然后测量其占据几份,即可得到这个分数.若将已知物体的长度分成8等份,占5份,则为 $\frac{5}{8}$. 因此,所测量物体的长度为 $7\frac{5}{8}$.

同样,在测量质量、时间等都可能出现分数,这样一来,每个整数或者分数都可以看作是测量的结果.

如果一个整数或分数带有单位,称为具体数,例如 $\frac{3}{4}$ 俄里;如果不带有单位,称为抽象数,例如 $\frac{3}{4}$.

§140   分数的意义

将一个整数分成几等份,比如 5 个苹果平均分给 8 名学生.

首先把一个苹果分成 8 等份,分给每名学生一份,然后将第二个苹果、第三个苹果也分成 8 等份,依此类推. 每名学生都将分得 5 个八分之一苹果. 因此,5

个八分之一苹果就是 $\dfrac{5}{8}$ 个苹果.

再举一个例子,将 28 缩小 5 倍,也就是求 28 的五分之一.

可以这样来求:一个单位的五分之一是 $\dfrac{1}{5}$,一共有 28 个单位,则为 $\dfrac{28}{5}$.

从这些例子中可以推导出以下规则,把一个整数缩小几倍,则这个整数是分子,这个倍数是分母即可,这对我们的运算很有帮助.

§141　数之间相等、不相等关系

两个数相等或不相等,取决于这些数所表达的数量对同一单位来说是相等还是不相等.

对于 $\dfrac{3}{4} = \dfrac{6}{8}$,这是一个数的两种表示方法,一个是一个单位的四分之三,另一个是同一个单位的八分之六,它们所表示的数量是相等的.

两个不相等的数之间的大小关系,对于 $\dfrac{1}{5} > \dfrac{1}{8}$,这里表示 $\dfrac{1}{5}$ 任何单位的数都大于 $\dfrac{1}{8}$ 和其相同单位的数. 例如,$\dfrac{1}{5}$ 磅①大于 $\dfrac{1}{8}$ 磅.

§142　真分数与假分数

真分数是指分子小于分母的分数;假分数是指分子等于或大于分母的分数. 显然,真分数小于 1,假分数等于或大于 1,例如,$\dfrac{7}{8} < 1, \dfrac{8}{8} = 1, \dfrac{9}{8} > 1.$

§143　将整数转化为假分数

一个整数可以用一个假分数来表示.

---

①　1 磅 ≈ 0.454 千克.

例如,用分母为20的分数来表示8. 数1可以表示为$\frac{20}{20}$,8是1的8倍,则8 =

$\frac{8 \cdot 20}{20} = \frac{160}{20}$. 类似的还有:$25 = \frac{100}{4}$,$100 = \frac{1700}{17}$.

有时用分数表示整数是有用的,可以将整数看成分母是1,分子为此整数

的分数. 因此,数5可以写成$\frac{5}{1}$.

§144 将带分数转化为假分数

例如,将带分数$8\frac{3}{5}$转化为假分数.

这意味着要将8个整数单位和3个五分之一单位转化为多少个五分之一单

位. 8个整数单位是5×8(即40)个五分之一,所以一共有43个五分之一单位,

因此$8\frac{3}{5} = \frac{43}{5}$. 类似的例子还有,$3\frac{7}{8} = \frac{31}{8}$,$10\frac{1}{4} = \frac{41}{4}$,$25\frac{2}{7} = \frac{177}{7}$.

规则:将带分数转化为假分数时,所得假分数的分子是整数乘以分母加上

分子,分母保持不变.

§145 将假分数转化为带分数或整数

例如,将假分数$\frac{100}{8}$转化为带分数.

由于数1可以表示为$\frac{8}{8}$,则需要计算100中有多少个8,通过除法计算得到

100中有12个8,还剩4,所以$\frac{100}{8}$是12和$\frac{4}{8}$,即$\frac{100}{8} = 12\frac{4}{8}$. 类似的例子还有,

$\frac{59}{8} = 7\frac{3}{8}$,$\frac{314}{25} = 12\frac{14}{25}$,$\frac{85}{17} = 5$,$\frac{25}{25} = 1$.

规则:将假分数转化为带分数或整数时,用假分数的分子除以分母,整数商

是带分数的整数部分,余数是带分数的分子.

第2节　改变分数的分子或分母改变分数大小

§146　分数随分子的增大而增大,分数随分母的增大而减小

例如,对于$\frac{5}{9}$和$\frac{4}{9}$,两个分数的分母相同,但第一个分数的分子大于第二

个分数的分子,所以$\frac{5}{9} > \frac{4}{9}$;对于$\frac{5}{10}$和$\frac{5}{9}$,两个分数的分子相同,但第一个分数

的分母大于第二个分数的分母,所以$\frac{5}{10} < \frac{5}{9}$.

§147　一个分数的分子扩大几倍,分数也会扩大相同的倍数

例如,对于分数$\frac{4}{10}$,将分子扩大3倍,得到$\frac{12}{10}$,这个分数是第一个分数的3

倍,因为其分母相同,分子是第一个分数分子的3倍.

将一个分数的分母扩大几倍,分数将缩小相同的倍数.

例如,对于分数$\frac{4}{10}$,将分母扩大5倍,得到$\frac{4}{50}$,这个分数缩小5倍,因为其分

子相同,分母是第一个分数分母的5倍.

由此可见,一个分数的分子扩大几倍,分数就会扩大同样的倍数;一个分数

的分母缩小几倍,分数就会扩大相同的倍数.

§148　如果分数的分母和分子同时扩大或缩小相同的倍数,分数不变

例如,如果将分数$\frac{4}{10}$的分子和分母同时缩小2倍,即得到$\frac{2}{5}$,这两个分数相

同. 首先分子缩小2倍,分数就会缩小2倍;分母缩小2倍,分数就会扩大2倍,因此经过两次变化,分数没有发生改变. 一般来说,分数的变化与除法运算中商的变化相似.

§149 分数的分子或分母扩大或缩小几倍,分数如何变化

要使分数扩大几倍,只需将其分子扩大几倍或将其分母缩小几倍.

例如,将分数 $\frac{7}{12}$ 扩大5倍,可以将分子7扩大5倍,即 $\frac{35}{12}$,同理,将 $\frac{7}{12}$ 扩大6倍,即 $\frac{42}{12}$;将分数 $\frac{8}{9}$ 缩小7倍可以将分母扩大7倍,即 $\frac{8}{63}$,同理,将 $\frac{8}{9}$ 缩小4倍,即 $\frac{8}{36}$.

92

由此也能得出,要使分数缩小几倍,只需将其分母扩大相同的倍数.

注意:这条规则也可应用于整数,把整数当作分母是1的分数.

例如,将5缩小8倍. 我们可以把5表示为一个分数,并应用此规则,得到 $\frac{5}{8}$,正如前面(§143)所讲.

§150 将分数的分子和分母同时加上一个相同的数,将使得到的新分数更接近数1

例如,将分数 $\frac{5}{7}$ 的分子和分母都加3,即得到 $\frac{8}{10}$.

这里,$\frac{5}{7}$ 与1相差 $\frac{2}{7}$,$\frac{8}{10}$ 与1相差 $\frac{2}{10}$. 而 $\frac{2}{10} < \frac{2}{7}$,所以第二个分数比第一个分数更接近1,因此,$\frac{8}{10} > \frac{5}{7}$.

又比如,将分数 $\frac{8}{5}$ 的分子和分母都加4,即得到 $\frac{12}{9}$. 这里,$\frac{8}{5}$ 比1大 $\frac{3}{5}$,$\frac{12}{9}$ 比

1 大 $\dfrac{3}{9}$，由于 $\dfrac{3}{5} > \dfrac{3}{9}$，这表示第二个分数比第一个分数更接近 1，所以 $\dfrac{8}{5} > \dfrac{12}{9}$.

第3节 化简分数

§151 分数的分子和分母同时除以一个相同的数，分数的大小不变

例如，分数 $\dfrac{8}{12}$ 的分子和分母同时除以 4，即 $\dfrac{2}{3}$，分数的大小不变.

若一个分数的分子和分母没有除 1 之外的公因数，则称为不可约分数.

例如，分数 $\dfrac{9}{20}$ 的分子 9 和分母 20 没有除 1 之外相同的公因数，因此是不可

约分数.

§152 两种化简分数的方法

第一种方法：连续化简法，通过可整除标志找到分数的分子和分母的公因数，然后同时除以此公因数；如果可能，将得到的分数再次化简；继续下去，直到得到一个不可约分数.

为便于化简，可以在分数的上方写上分子和分母同时除以的数.

例如

$$\overset{4}{\underset{}{\dfrac{84}{360}}} = \overset{3}{\underset{}{\dfrac{21}{90}}} = \dfrac{7}{30}$$

第二种方法：直接化简法，在无法确定分数是否可化简的情况下使用，首先找到分子和分母的最大公因数，然后分子和分母同时除以最大公因数.

例如，分数$\frac{391}{527}$，首先找到 391 和 527 的最大公因数 17，然后对分数进行化简，即$\frac{391}{527} = \frac{391 \div 17}{527 \div 17} = \frac{23}{31}$.

在这种情况下，化简后的分数是不可约的. 事实上，分子和分母的最大公因数包含了分子和分母的所有公共质因数. 因此，分数的分子和分母同时除以这个最大公因数，所得分数不再可约.

§153 定理：如果两个分数相等，其中一个不可约，那么另一个分数一定可以通过化简得到这个不可约分数

为证明这一定理，假设第一个分数不可约，即分子a和分母b除 1 以外没有公因数，因为两个分数相等，将第二个分数的分子、分母都乘以b，第一个分数的分子、分母都乘以b_1，得到$\frac{a_1 b}{b_1 b} = \frac{ab_1}{bb_1}$，即$a_1 b = ab_1$.

这个等式的右边可以被a整除，因此，它的左边也可以被a整除，但b与a互质，因此a_1一定能被a整除，用am表示a_1，即$a_1 = am$，则$amb = ab_1$. 将等式左右两边同时除以a，得到$mb = b_1$，因此$a_1 = am, mb = b_1$，这表示a_1和b_1分别是a和b的m倍，则将第二个分数的分子、分母同时除以m，就得到了第一个不可约分数.

因此，只有两个不可约分数的分子和分母分别相等，这两个分数才相等，将分数的分子和分母同时乘以一个数是转化不可约分数的唯一方法.

第4节　将多个分数的分母统一

§154 分数的分子和分母同时乘以一个数，分数大小不变

基于这一事实可以将多个分数的分母统一，分数的分母不仅可以减小到同一个数，也可以增加到同一个数.

例如,将分数 $\dfrac{5}{12}$ 和 $\dfrac{7}{15}$ 的分母统一. 由于 $\dfrac{5}{12}$ 是一个不可约分数,因此,与这个

分数相等的分数的分母只能是 12 的倍数,即 $12,24,36,48$ 等;同样,与 $\dfrac{7}{15}$ 相等

的分数的分母是 15 的倍数,即 $15,30,45,60$ 等. 因此,若将两个分数的分母统

一,则其分母必定是 12 和 15 的倍数,而最小的分母是 12 和 15 的最小公倍数. 由

于 $12 = 2 \times 2 \times 3, 15 = 3 \times 5$,因此 12 和 15 的最小公倍数为 $2 \times 2 \times 3 \times 5 = 60$.

接着将这两个分数转化为以 60 为分母的分数,即将 12 乘以 5,15 乘以 4,为

使分数大小不变,将其分子乘以相同的数即可,即 $\dfrac{5}{12} = \dfrac{5 \times 5}{12 \times 5} = \dfrac{25}{60}, \dfrac{7}{15} =$

$\dfrac{7 \times 4}{15 \times 4} = \dfrac{28}{60}$.

例如,将分数 $\dfrac{4}{90}, \dfrac{7}{20}, \dfrac{8}{75}$ 的分母统一. $\dfrac{4}{90}$ 可以化简为 $\dfrac{2}{45}$,另两个分数是不可

约分数,为此找到 $45,20,75$ 的最小公倍数即可.

由于 $45 = 3 \times 3 \times 5, 20 = 2 \times 2 \times 5, 75 = 3 \times 5 \times 5$,因此最小公倍数为

$3 \times 3 \times 5 \times 2 \times 2 \times 5 = 900$.

若几个分数中最大的分母能被其他各分母整除,例如,$\dfrac{3}{7}, \dfrac{7}{15}, \dfrac{8}{315}$,其中最

大的分母 315 能被 7,15 整除,在这种情况下,最大的分母是所有分母的最小公

倍数. 因此,另两个分数可以转化为 $\dfrac{3}{7} = \dfrac{3 \times 45}{7 \times 45} = \dfrac{135}{315}, \dfrac{7}{15} = \dfrac{7 \times 21}{15 \times 21} = \dfrac{147}{315}$.

§155 分数大小的比较:将分数的分母统一,进行比较

例如,比较 $\frac{5}{7}$ 和 $\frac{9}{13}$ 的大小,可以将其分母统一为 $\frac{5}{7} = \frac{5 \times 13}{7 \times 13} = \frac{65}{91}, \frac{9}{13} =$

$\frac{9 \times 7}{13 \times 7} = \frac{63}{91}$,这里两个分数的分母相同,而第一个分数的分子大于第二个分数

的分子,因此 $\frac{5}{7} > \frac{9}{13}$.

第 5 节　求特定分数

§156 "求一个数的特定分数"即求一个数的一部分

例如,求某个数的 $\frac{7}{8}$ 倍,即将这个数分成 8 份,取其中的 7 份. 在解决许多

实际问题时,求一个数的一部分是必要的.

例如,火车每小时行驶 40 海里,在 $\frac{7}{8}$ 小时内行驶多少海里?一块布的价格

是 8 卢布,则 $\frac{7}{8}$ 块布是多少卢布?等等.

§157 一个分数扩大或缩小几倍

如果知道一个分数扩大或缩小几倍,我们可以很容易地找到这个数的特定

分数.

§158 其他实际问题

例如,在 $\frac{3}{4}$ 小时内,火车走了 30 英里,则一小时走了多少英里?$1\frac{3}{4}$ 块布

(即 $\frac{7}{4}$ 块布) 是 14 卢布,则一块布的价格是多少卢布?

第 6 节 抽 象 分 数

§159 分数的运算

分数运算与整数运算一样,因此,可将 3 个相同单位的分数相加,例如,求三个分数的和,其中第一个是四分之三,第二个是十分之七,第三个是十六分之九,单位相同(例如,找到三个长度之和,$\frac{3}{4}$ 俄尺,$\frac{7}{10}$ 俄尺和 $\frac{9}{16}$ 俄尺). 对于分数的运算,有抽象分数运算和具体分数运算.

§160 无论具体分数还是抽象分数,其运算都与整数运算一样,运算名称和运算符号都相同

分数加法运算,即将几个分数相加求它们的和.

例如,几个分母相同的分数相加 $\frac{7}{11} + \frac{3}{11} + \frac{5}{11}$. 这三个分数表示某个单位的十一分之七、十一分之三和十一分之五,加起来就是同一单位的十一分之十五. 因此,需要将分子相加,分母不变即可,即 $\frac{7}{11} + \frac{3}{11} + \frac{5}{11} = \frac{7+3+5}{11} = \frac{15}{11} = 1\frac{4}{11}$.

当然也有分母不同的分数相加,例如,$\frac{3}{4} + \frac{7}{10} + \frac{9}{16}$. 我们把这些分数的分母统一,然后像第一种情况一样把它们加在一起,具体运算过程为 $\frac{3}{4} + \frac{7}{10} + \frac{9}{16} = \frac{60+56+45}{80} = \frac{161}{80} = 2\frac{1}{80}$.

规则:对于不同分母的分数相加,首先要将其分母统一,再把分子相加.

注意:前面提到整数的和的基本性质(§29)也适用于分数,即加法运算的

和与加数的顺序无关.

§161　减法运算

两个分母相同的分数相减时,例如,$\dfrac{7}{8} - \dfrac{3}{8}$,分母保持不变,被减数的分子减去减数的分子即可,具体运算过程为$\dfrac{7}{8} - \dfrac{3}{8} = \dfrac{7-3}{8} = \dfrac{4}{8} = \dfrac{1}{2}$.

两个分母不同的分数相减时,首先将分数的分母统一,然后将分子相减即可. 例如,$\dfrac{11}{15} - \dfrac{3}{8}$,具体运算过程为$\dfrac{11}{15} - \dfrac{3}{8} = \dfrac{88}{120} - \dfrac{45}{120} = \dfrac{43}{120}$.

规则:一个分数减另一个分数,首先要将分数的分母统一,然后被减数的分子减去减数的分子即可;一个带分数减一个带分数,如果可能,可以整数减整数,分数减分数.

例如,$8\dfrac{9}{11} - 5\dfrac{3}{4} = 8\dfrac{36}{44} - 5\dfrac{33}{44} = 3\dfrac{3}{44}$. 若减数的分子大于被减数的分子,则取被减数的一个整数单位分成适当分子加到被减数的分子中.

例如,$10\dfrac{3}{11} - 5\dfrac{5}{6} = 10\dfrac{18}{66} - 5\dfrac{55}{66} = 9\dfrac{84}{66} - 5\dfrac{55}{66} = 4\dfrac{29}{66}$.

再比如,$7 - 2\dfrac{3}{5} = 6\dfrac{5}{5} - 2\dfrac{3}{5} = 4\dfrac{2}{5}$,$10 - \dfrac{3}{17} = 9\dfrac{17}{17} - \dfrac{3}{17} = 9\dfrac{14}{17}$.

§162　和与差的变化

当加法运算、减法运算中的分数发生变化时,和与差变化和整数运算时的变化完全相同,即加数增加(减少)多少,总和也会增加(减少)同样的数;被减数增加(减少)多少,差也会增加(减少)同样的数;减数增加(减少)多少,差就会减少(增加) 同样的数.

§163　乘法运算

一个分数乘以一个整数,例如,$\frac{7}{8} \times 5$,即 $\frac{7}{8} + \frac{7}{8} + \frac{7}{8} + \frac{7}{8} + \frac{7}{8}$,结果为 $\frac{35}{8}$.

这里,分数乘法定义是否与整数乘法定义矛盾?比如,5 乘以 3,根据整数乘法定义,表示 3 个 5 相加,如果我们不取数 3,而取一个等于 3 的假分数,例如 $\frac{30}{10}$,此时不是 5 乘以 3,而是乘以 $\frac{30}{10}$,那么必须按分数乘法来运算,即 $\frac{150}{10}$ 也是 15. 因此,无论用 5 乘以 3 还是乘以 $\frac{30}{10}$,乘法结果都相同. 因此,分数乘法与整数乘法并不矛盾.

注意:(1) 一个数乘以一个真分数,会使这个数减小,一个数乘以一个假分数,若假分数大于 1,这个数会增大,若等于 1,则保持不变.

例如,$5 \times \frac{7}{8}$ 小于 5,它表示 5 的 $\frac{7}{8}$ 倍;$5 \times \frac{9}{8}$ 大于 5,它表示 5 的 $\frac{9}{8}$ 倍;$5 \times \frac{8}{8}$ 等于 5,它表示 5 的 1 倍.

(2) 当分数与整数 0 相乘时,积为 0. 因此,$0 \times \frac{7}{8} = 0$.

§164　对于乘法运算,可能出现的情况

分数乘以整数. 例如,$\frac{3}{10} \times 5$. 它表示 $\frac{3}{10}$ 的 5 倍,换句话说,可以将此分数的分子增加 5 倍,或者将分母减少 5 倍即可,具体运算过程为 $\frac{3}{10} \times 5 = \frac{3 \times 5}{10} = \frac{15}{10}$

99

或 $\frac{3}{10} \times 5 = \frac{3}{10 \div 5} = \frac{3}{2}$.

规则:一个分数乘以一个整数,只需将分数的分子乘以该整数或分数的分母除以该整数.

整数乘以分数. 例如,$7 \times \frac{4}{9}$. 它表示7的 $\frac{4}{9}$ 倍,具体运算过程如下,$\frac{1}{9} \times 7 = \frac{7}{9}$, $\frac{4}{9} = \frac{1}{9} \times 4$, $7 \times \frac{4}{9} = \frac{7 \times 4}{9} = \frac{28}{9}$.

规则:一个整数乘以一个分数,只需用整数乘以分数的分子.

分数乘以分数. 例如,$\frac{3}{5} \times \frac{7}{8}$. 具体运算过程如下,$\frac{3}{5} \times \frac{1}{8} = \frac{3}{5 \times 8}$, $\frac{7}{8} = \frac{1}{8} \times 7$, $\frac{3}{5} \times \frac{7}{8} = \frac{3 \times 7}{5 \times 8} = \frac{21}{40}$.

100

规则:一个分数乘以一个分数,只需用分子乘以分子,分母乘以分母,并将第一个积作为分子,第二个积作为分母.

这个规则也适用于分数乘以整数和整数乘以分数的情况,只需将整数视为分母为1的分数. 因此,$\frac{3}{10} \times 5 = \frac{3}{10} \times \frac{5}{1} = \frac{3 \times 5}{10 \times 1} = \frac{15}{10} = \frac{3}{2}$, $7 \times \frac{4}{9} = \frac{7}{1} \times \frac{4}{9} = \frac{7 \times 4}{1 \times 9} = \frac{28}{9}$.

带分数的乘法. 只需将其转化为假分数,根据分数乘法法则进行乘法运算.

例如,$7 \times 5\frac{3}{4} = 7 \times \frac{23}{4} = \frac{7 \times 23}{4} = \frac{161}{4} = 40\frac{1}{4}$, $2\frac{3}{5} \times 4\frac{2}{3} = \frac{13}{5} \times \frac{14}{3} = \frac{13 \times 14}{5 \times 3} = \frac{182}{15} = 12\frac{2}{15}$. 然而将带分数转化为假分数是没有必要的,例如,$7 \times 5\frac{3}{4}$,可以将 7 乘以5,再将 7 乘以 $\frac{3}{4}$,然后将两个乘积相加即可,具体运算过程如下,$7 \times 5\frac{3}{4} = (7 \times 5) + (7 \times \frac{3}{4}) = 35 + \frac{21}{4} = 40\frac{1}{4}$.

§165 分数乘法运算中分子或分母的约分

例如,$12 \times \dfrac{7}{8} = \dfrac{12 \times 7}{8} = \dfrac{3 \times 7}{2} = \dfrac{21}{2}$,$\dfrac{16}{21} \times \dfrac{5}{28} = \dfrac{16 \times 5}{21 \times 28} = \dfrac{4 \times 5}{21 \times 7} = \dfrac{20}{147}$.

因为分数的分子和分母减少相同的倍数,分数的大小不发生改变.

§166 多个分数相乘

例如,三个分数相乘,$\dfrac{2}{3} \times \dfrac{7}{8} \times \dfrac{5}{6}$.前两个数相乘为 $\dfrac{2}{3} \times \dfrac{7}{8}$,三个数相乘为

$\dfrac{2 \times 7 \times 5}{3 \times 8 \times 6} = \dfrac{70}{144}$.若多个分数相乘,只需将它们分子相乘,分母相乘,并将第一

个乘积作为分子,第二个乘积作为分母.若乘数中有带分数,则转化为假分数.

这个规则也可以适用于一些乘数是整数的乘法运算,因为整数可以看成分

母为 1 的分数. 例如,$\dfrac{3}{4} \times 5 \times \dfrac{5}{6} = \dfrac{3}{4} \times \dfrac{5}{1} \times \dfrac{5}{6} = \dfrac{3 \times 5 \times 5}{4 \times 1 \times 6} = \dfrac{5 \times 5}{4 \times 2} = \dfrac{25}{8}$.

§167 乘法运算的性质

乘法运算的结果与乘数的顺序无关.

例如,$\dfrac{2}{3} \times \dfrac{5}{6} \times \dfrac{3}{4} = \dfrac{5}{6} \times \dfrac{3}{4} \times \dfrac{2}{3}$.

要计算多个分数的乘积,可以把它们分成几组,分别计算每组,然后把所得

的数相乘. 例如,$\dfrac{5}{6} \times \dfrac{3}{4} \times \dfrac{2}{7} \times \dfrac{1}{5} = \left(\dfrac{5}{6} \times \dfrac{3}{4} \right) \times \left(\dfrac{2}{7} \times \dfrac{1}{5} \right) = \dfrac{5}{8} \times \dfrac{2}{35} = \dfrac{1}{28}$.

§168　除法运算

通过除法运算,可以为一个乘积和一个乘数找到另一个乘数.

例如, $\frac{7}{8} \div \frac{3}{5}$ 表示找到一个数乘以 $\frac{3}{5}$ 等于 $\frac{7}{8}$. 在这种情况下,商是寻求的乘数,由于乘数和被乘数可以互换,在给定除数和被除数的情况下,商并不取决于它是代表乘数还是被乘数.

又例如,如果要求一个数的 $\frac{7}{8}$ 是 5 的数,换句话说,找到一个数,其乘以 $\frac{7}{8}$ 等于 5,这表示 5 是积, $\frac{7}{8}$ 是一个乘数,求另一个乘数,可以通过 5 除以 $\frac{7}{8}$ 来求解.

除以一个真分数会使这个数增大,除以一个假分数,若假分数大于 1,则这个数会减小,若等于 1,则保持不变.

例如,商 $5 \div \frac{7}{8}$ 大于 5,因为 5 只是这个商的 $\frac{7}{8}$;商 $5 \div \frac{9}{8}$ 小于 5,因为 5 是这个商的 $\frac{9}{8}$;最后,商 $5 \div \frac{8}{8}$ 等于 5.

§169　对于除法运算,可能出现的情况

整数除以整数. 在整数运算中讨论过,但在那里并不总是能够完全确定,因为并不总能整除,因此必须在其基础上研究分数.

例如,5 除以 7,即找到一个数乘以 7 等于 5,这样的数是分数 $\frac{5}{7}$,因为 $\frac{5}{7} \times$

$7 = 5$. 又例如,$20 \div 7 = \dfrac{20}{7}$,因为 $7 \times \dfrac{20}{7} = 20$.

因此,两个整数做除法,商总可以用一个分数来表示,其中分子等于被除数,分母等于除数.

分数除以整数. 例如,$\dfrac{8}{9} \div 4$,表示找到一个乘以 4 等于 $\dfrac{8}{9}$ 的数. 由于一个数乘以 4 会使原数扩大 4 倍,因此,所要求的数扩大 4 倍是 $\dfrac{8}{9}$,因此,必须将 $\dfrac{8}{9}$ 缩小 4 倍. 因为要把一个分数缩小 4 倍,只需将其分子缩小 4 倍或将分母扩大 4 倍,即

$$\dfrac{8}{9} : 4 = \dfrac{8 : 4}{9} = \dfrac{2}{9}, \dfrac{8}{9} : 4 = \dfrac{8}{9 \cdot 4} = \dfrac{8}{36} = \dfrac{2}{9}.$$

103

规则:一个分数除以一个整数,只需将分数的分子除以该整数或用分数的分母乘以该整数.

整数除以分数. 例如,$3 \div \dfrac{2}{5}$,这表示求一个数,其乘以 $\dfrac{2}{5}$ 等于 3.

但是用一个数乘以 $\dfrac{2}{5}$ 就是要找到这个数的 $\dfrac{2}{5}$ 倍,因此,整数除以分数,只需将这个整数乘以分数的分母,再除以分数的分子即可.

分数除以分数. 例如 $\dfrac{5}{6} \div \dfrac{7}{11}$,这表示求一个数,其乘以 $\dfrac{7}{11}$ 等于 $\dfrac{5}{6}$.

规则:一个分数除以一个分数,只需用第一个分数的分子乘以第二个分数的分母,第一个分数的分母乘以第二个分数的分子,然后用第一个结果作为分子,第二个结果作为分母.

注意:分数除以整数和整数除以分数这两种情况,也可以归入这一规则,只

要我们把整数看成是分母为 1 的分数.

例如,$\dfrac{8}{9} \div 4 = \dfrac{8}{9} \div \dfrac{4}{1} = \dfrac{8}{9} \times \dfrac{1}{4} = \dfrac{2}{9}$,$3 \div \dfrac{2}{5} = \dfrac{3}{1} \div \dfrac{2}{5} = \dfrac{3 \times 5}{1 \times 2} = \dfrac{15}{2}$.

带分数的除法. 将带分数转化为假分数,根据除法法则进行运算.

例如,$8 \div 3\dfrac{5}{6} = 8 \div \dfrac{23}{6} = \dfrac{8 \times 6}{23} = \dfrac{48}{23} = 2\dfrac{2}{23}$,$7\dfrac{3}{4} \div 5\dfrac{1}{2} = \dfrac{31}{4} \div \dfrac{11}{2} =$

$\dfrac{31 \times 2}{4 \times 11} = \dfrac{31}{22} = 1\dfrac{9}{22}$.

§170 分数的性质

一个分数的分子和分母互换位置,得到的新分数是原来分数的倒数. 因此,对 $\dfrac{7}{8}$ 来说,倒数是 $\dfrac{8}{7}$;整数也有倒数,例如,5 的倒数是 $\dfrac{1}{5}$.

分数的除法规则:一个分数除以另一个分数,即第一个分数乘以第二个分数的倒数.

例如,$\dfrac{7}{8} \div 5 = \dfrac{7}{8} \times \dfrac{1}{5} = \dfrac{7}{40}$,$5 \div \dfrac{7}{8} = 5 \times \dfrac{8}{7} = \dfrac{40}{7}$,$\dfrac{2}{3} \div \dfrac{4}{5} = \dfrac{2}{3} \times \dfrac{5}{4} =$

$\dfrac{10}{12} = \dfrac{5}{6}$.

§171 分数运算过程中的化简

在化简过程中,分数的分子和分母缩小相同的倍数,分数大小不变.

例如,$12 \div \dfrac{8}{11} = \dfrac{12 \times 11}{8} = \dfrac{3 \times 11}{2} = \dfrac{33}{2} = 16\dfrac{1}{2}$,$\dfrac{8}{9} \div \dfrac{6}{7} = \dfrac{8}{9} \times \dfrac{7}{6} =$

$$\frac{4 \times 7}{9 \times 3} = \frac{28}{27} = 1\frac{1}{27}, \frac{5}{12} \div \frac{7}{18} = \frac{5 \times 18}{12 \times 7} = \frac{5 \times 3}{2 \times 7} = \frac{15}{14} = 1\frac{1}{14}.$$

§172　用除法解决实际问题

问题 1：一个旅行者每小时走 $4\frac{1}{2}$ 俄里，则他走 $34\frac{7}{8}$ 俄里需要多长时间？

解决上述问题，也就是求 $4\frac{1}{2}$ 的多少倍是 $34\frac{7}{8}$，也就是说，$4\frac{1}{2}$ 乘以哪个数等于 $34\frac{7}{8}$. 这里 $34\frac{7}{8}$ 是被除数，$4\frac{1}{2}$ 是除数，所求的数是商.

具体运算过程如下，$34\frac{7}{8} \div 4\frac{1}{2} = \frac{279}{8} \div \frac{9}{2} = \frac{31}{4} = 7\frac{3}{4}$.

商表示 $4\frac{1}{2}$ 俄里乘以 7 再加上 $4\frac{1}{2}$ 俄里乘以 $\frac{3}{4}$ 等于 $34\frac{7}{8}$ 俄里，也就是说，

将用 $7\frac{3}{4}$ 小时走完 $34\frac{7}{8}$ 俄里.

问题 2：一块布的价格是 $7\frac{1}{2}$ 卢布，则 6 卢布可以买到多少布？

显然不能用 6 卢布买到一块价值 $7\frac{1}{2}$ 的布，但你可以买一块布的一部分，

即要求一个数乘以 $7\frac{1}{2}$ 等于 6，具体运算过程为 $6 \div 7\frac{1}{2} = 6 \div \frac{15}{2} = 6 \times \frac{2}{15} = \frac{12}{15} = \frac{4}{5}$.

商表示 $\frac{4}{5}$ 乘以 $7\frac{1}{2}$ 等于 6，也就是说用 6 卢布可以买到 $\frac{4}{5}$ 块价值为 $7\frac{1}{2}$ 的布.

105

问题 3: $7\frac{3}{4}$ 磅茶叶的价格为 $18\frac{3}{5}$ 卢布,则一磅茶叶多少卢布?

解决这个问题,需要找到一个数乘以 $7\frac{3}{4}$ 等于 $18\frac{3}{5}$.这里 $18\frac{3}{5}$ 是积,$7\frac{3}{4}$ 是乘数,求另一个乘数,具体运算过程为 $18\frac{3}{5} \div 7\frac{3}{4} = \frac{93}{5} \div \frac{31}{4} = \frac{93 \times 4}{5 \times 31} = \frac{12}{5} = 2\frac{2}{5}$,

即一磅茶叶的价格为 $2\frac{2}{5}$ 卢布.

问题 4: $\frac{7}{8}$ 英寸的布的价格是 14 卢布,则 1 英寸的布价格是多少卢布?

显然,需要找到一个数乘以 $\frac{7}{8}$ 等于 14,具体运算过程为 $14 \div \frac{7}{8} = 14 \times \frac{8}{7} = 16$,即 1 英寸的布的价格是 16 卢布.

§173 分数的积和商的变化情况与整数相同

现在用一种比以前表达的更普遍的方式来表达这些变化,若其中一个乘数乘以某个数,则乘积也乘以这个数.

例如,在 $5 \times \frac{2}{3} = \frac{10}{3}$ 中,左侧乘以 $\frac{7}{4}$,则右侧的结果也要乘以 $\frac{7}{4}$,即 $5 \times \frac{2}{3} \times \frac{7}{4} = \frac{10}{3} \times \frac{7}{4}$.

如果其中一个乘数除以一个数,那么乘积也要除以同一个数,也就是乘以这个数的倒数.

§174 当被除数乘以一个数时,商也乘以同样的数

事实上,被除数是乘法运算中的积,而除数和商是乘法运算中的乘数,因此,当积乘以一个数时,其中一个乘数不变,另一个乘数也要乘以这个数才能使等式成立,即除法运算中被除数乘以一个数,除数不变,商乘以这个数才能使等式成立.

当除数乘以一个数时,商就需要除以这个数保持等式成立.事实上,在乘法运算中,一个乘数乘以一个数,为使乘积保持不变,另一个乘数需要除以这个数,即在除法运算中,被除数保持不变,除数乘以一个数,商就需要除以这个数,才能使等式成立.

第7节 分数单位的转化

§175 高阶单位转化为低阶单位

例如,$\frac{7}{9}$ 普特是多少俄磅?

由于1普特是40俄磅,因此,$\frac{7}{9}$ 普特是 $\frac{7}{9} \times 40$ 俄磅,即 $\frac{7}{9} \times 40 = \frac{280}{9}$ 俄磅.

接下来,$\frac{280}{9}$ 俄磅是多少所洛特尼克?1俄磅是96所洛特尼克,则 $\frac{280}{9}$ 俄磅是 $\frac{280}{9} \times 96$ 所洛特尼克,即 $\frac{280}{9} \times 96 = \frac{8960}{3} = 2986\frac{2}{3}$ 所洛特尼克.

在这个例子中,高阶单位转化为低阶单位,分数单位的转化方式与整数相同,即乘以单位比.

§176 低阶单位转化为高阶单位

例如,$\frac{3}{4}$ 俄尺是多少俄丈?由于1俄丈是3俄尺,则需要求出1俄尺是多少俄丈,然后求 $\frac{3}{4}$ 俄尺是多少俄丈,即1俄丈的多少倍是 $\frac{3}{4}$ 俄尺,换句话说,应该用哪个数乘以3等于 $\frac{3}{4}$,即 $\frac{3}{4} \div 3 = \frac{1}{4}$.

也就是说 $\frac{3}{4}$ 俄尺是 $\frac{1}{4}$ 俄丈,下面将 $\frac{1}{4}$ 俄丈转化为俄里,即1俄里的多少倍

107

是 $\frac{1}{4}$ 俄丈. 由于 1 俄里是 500 俄丈,则需要 $\frac{1}{4}$ 除以 500,即 $\frac{1}{4} \div 500 = \frac{1}{2000}$,$\frac{1}{4}$ 俄

丈是 $\frac{1}{2000}$ 俄里.

在这个例子中,低阶单位转化为高阶单位,分数单位的转化方式与整数相同,即除以单位比.

§177　将单名分数转化为复名分数

例如,将只有一个分数单位 $\frac{7}{800}$ 俄里转化为多个单位的分数,即 $\frac{7}{800}$ 俄里是

多少俄丈多少俄尺多少俄寸. 由于 $\frac{7}{800} \times 500 = \frac{35}{8} = 4\frac{3}{8}$,即 $4\frac{3}{8}$ 俄丈,留下 4 俄

丈,将 $\frac{3}{8}$ 俄丈转化为俄尺,即 $\frac{3}{8} \times 3 = \frac{9}{8} = 1\frac{1}{8}$,即 $1\frac{1}{8}$ 俄尺,留下 1 俄尺,将 $\frac{1}{8}$

俄尺转化为俄寸,即 $\frac{1}{8} \times 16 = 2$ 俄寸. 因此,$\frac{7}{800}$ 俄里是 4 俄丈 1 俄尺 2 俄寸.

又例如,一天(24 小时)的几分之几是 3 小时 $7\frac{5}{8}$ 分钟?

首先将 $7\frac{5}{8}$ 分钟转化为小时,即 $7\frac{5}{8} \div 60 = \frac{61}{8} \div 60 = \frac{61}{8} \times \frac{1}{60} = \frac{61}{480}$ 小

时,再加 3 小时,一共为 $\frac{61}{480} + 3 = \frac{1501}{480}$ 小时,则 $\frac{1501}{480}$ 小时是一天(24 小时)的

$\frac{1501}{480} \div 24 = \frac{1501}{11520}$.

§178　带有单位的分数的加、减、乘、除可以用两种方式进行运算

两种运算方式:(1) 将所有分数的单位统一,则只需对抽象分数进行运算即可;(2) 或将所有分数转化为复名分数,则对具体分数进行运算.

例如,$\frac{3}{7}$ 俄里加 2 俄里 15 $\frac{3}{4}$ 俄丈加 101 俄丈 1 俄尺 2 $\frac{1}{2}$ 俄寸.

首先,将 $\frac{3}{7}$ 俄里转换为复名分数,$\frac{3}{7} \times 500 = \frac{1500}{7} = 214\frac{2}{7}$ 俄丈,$\frac{2}{7} \times 3 = \frac{6}{7}$ 俄尺,$\frac{6}{7} \times 16 = \frac{96}{7} = 13\frac{5}{7}$ 俄寸,所以 $\frac{3}{7}$ 俄里等于 214 俄丈 13$\frac{5}{7}$ 俄寸;将 15$\frac{3}{4}$ 俄丈转换为复名分数,$\frac{3}{4} \times 3 = \frac{9}{4} = 2\frac{1}{4}$ 俄尺,$\frac{1}{4} \times 16 = 4$ 俄寸,所以 2 俄里 15$\frac{3}{4}$ 俄丈等于 2 俄里 15 俄丈 2 俄尺 4 俄寸,接下来把复名分数相加即可,具体运算过程如下.

	214 俄丈			13$\frac{5}{7}$ 俄寸
+ 2 俄里	15 俄丈	2 俄尺		4 俄寸
	101 俄丈	1 俄尺		2$\frac{1}{2}$ 俄寸
2 俄里	330 俄丈	3 俄尺		20$\frac{3}{14}$ 俄寸
2 俄里	331 俄丈	1 俄尺		4$\frac{3}{14}$ 俄寸

又例如,4 普特 6$\frac{2}{3}$ 俄磅乘以 $\frac{4}{7}$.要乘以 $\frac{4}{7}$,即乘以 4 再除以 7,具体运算过程如下.

$$
\begin{array}{l}
4\,普特6\frac{2}{3}\,俄磅 \\
\times \quad\quad 4 \\
\hline
16\,普特26\frac{2}{3}\,俄磅 \quad\quad \big|\,7 \\
\\
\frac{14}{2} \\
\times 40 \\
\hline
80 \\
+26\frac{2}{3} \\
\hline
106\frac{2}{3}=\frac{320}{3}
\end{array}
$$

$$2\,普特\frac{320}{21}\,俄磅 = 2\,普特15\frac{5}{21}\,俄磅$$

又例如,2 英尺 12 $\frac{1}{2}$ 英寸除以 2 $\frac{5}{8}$. 将 2 英尺转化为英寸,即 $2 \times 20 = 40$ 英寸,则 $40 + 12\frac{1}{2} = 52\frac{1}{2}$ 英寸,然后用 $52\frac{1}{2}$ 除以 $2\frac{5}{8}$.

即 $52\frac{1}{2} \div 2\frac{5}{8} = \frac{105}{2} \div \frac{21}{8} = \frac{105}{2} \times \frac{8}{21} = 20$.

又例如,5 普特 7 $\frac{3}{4}$ 俄磅除以 $\frac{3}{2}$. 要除以 $\frac{3}{2}$,先乘以 3 再除以 2,具体运算过程如下.

110

$$
\begin{array}{r}
5\text{普特}7\frac{3}{4}\text{俄磅} \\
\times \quad\quad 3 \\
\hline
15\text{普特}23\frac{1}{4}\text{俄磅} \;\Big|\; 2 \\
\end{array}
$$

$7\text{普特}\frac{253}{8}\text{俄磅}=7\text{普特}31\frac{5}{8}\text{俄磅}$

$$
\begin{array}{r}
1 \\
\times 40 \\
\hline
40 \\
+23\frac{1}{4} \\
\hline
63\frac{1}{4} = \frac{253}{4}
\end{array}
$$

第5章　小　数

第1节　小数的主要性质

§179　小数点

所有的分数都可以用小数来表示,小数中的圆点叫作小数点,它是一个小数的整数部分和小数部分的分界号.

例如,对于小数 0.1,0.01,0.001 等,与分数 $\frac{1}{10}$,$\frac{1}{100}$,$\frac{1}{1000}$ 等相同.

在同一个小数中,一个高阶单位是它低一阶单位的 10 倍.

因此,$\frac{1}{10} = \frac{10}{100}$,$\frac{1}{100} = \frac{10}{1000}$,$\frac{1}{1000} = \frac{10}{10000}$,即 0.1 = 0.10,0.01 = 0.010,0.001 = 0.0010.

§180　十进制分数

当一个分数的分母是 1,10,100,1000 等,这样的分数称为十进制分数(十进分数).

例如,$\frac{3}{10}$,$\frac{27}{100}$,$\frac{27401}{1000}$,$3\frac{1}{1000}$ 都是十进制分数. 当分数的分母为任意数时,称为普通分数. 与普通分数相比,十进制分数更为简便,因此,将其性质与普通分数分开考虑是有必要的.

§181　小数的含义以及十进制分数转化为小数

在同一个数中,两个相邻的数字,左边的数字所表示的单位大小总是右边的 10 倍.

例如,在小数 63.48259 中,数字 3 的单位是一,是数字 4 的单位的 10 倍,即数字 4 的单位是十分之一,数字 8 的单位是百分之一,依此类推,数字 2 的单位是千分之一,数字 5 的单位是万分之一,数字 9 的单位是十万分之一;等等. 把整数部分和小数部分开,将缺失的单位补上 0.

又例如,0.0203 表示 2 个百分之一,3 个万分之一,小数点右边的数称为小数位,这样就可以表示任何一个小数.

112

例如,将分数 $\dfrac{32736}{1000}$ 转化为小数. 首先,将分数转化为带分数 $32\dfrac{736}{1000}$,然后接着转化,即 $\dfrac{32736}{1000} = 32 + \dfrac{700}{1000} + \dfrac{30}{1000} + \dfrac{6}{1000} = 32 + \dfrac{7}{10} + \dfrac{3}{100} + \dfrac{6}{1000}$,因此这个分数可以转化为小数 32.736.

将 32.736 中的整数和小数除以最小的分数单位,即千分之一,可以检查其正确性. 方法如下:32 个一是十分之 320,再加上 7 个十分之一,等于十分之 327;由于每个十分之一是 10 个百分之一,十分之 327 就是一百分之 3270,再加上 3 个百分之一,得到一百分之 3273;由于每个百分之一是 10 个千分之一,则一百分之 3273 就是一千分之 32730,再加上 6 个千分之一,就是一千分之 32736.

又例如,将 $\dfrac{578}{100000}$ 转化为小数,即 $\dfrac{578}{100000} = \dfrac{500}{100000} + \dfrac{70}{100000} + \dfrac{8}{100000} = \dfrac{5}{1000} + \dfrac{7}{10000} + \dfrac{8}{100000}$,因此这个分数可以转化为小数 0.00578.

规则:将十进制分数转化为小数,首先写出分子,并在这个分子中分出和分母中的零一样多的小数位(有时需要在分子的左边写出相应数量的零).

§182　小数的读法

首先,读出小数点左侧的整数(如果没有整数,就说"零"),然后把小数点右侧的数当作整数来读,并加上小数最后一位的单位.

例如,0.00378 读作 0 点十万分之 378,然而,一个有很多小数位的小数可以按照以下方式来读. 将小数点后面的数每三个分成一组(最后一组可能只有一个或两个数);然后将每三个数作为一个整体来读,在第一组的最后一个数后面加上"千分之一",在第二组后面加上"百万分之一",依此类推.

例如,0.02830600007 可以读作 0 点千分之 28 百万分之 306 万亿分之 70.

§183　小数的右边或左边加上任意多个零不改变小数的大小

例如,7.05,7.0500 和 007.05 表示同一个小数,其大小相同,都表示 7 个 1,5 个百分之一.

§184　将小数转化为十进制分数后进行大小比较

例如,比较 0.735 和 0.7349987 的大小. 在第一个小数的右边加上尽可能多的零,使这两个小数的小数位一样多,即 0.7350000 和 0.7349987. 因此,我们将这两个小数转化成分母相同的十进制分数,即 $\dfrac{7350000}{10000000}$ 和 $\dfrac{7349987}{10000000}$,由于 7350000 大于 7349987,所以第一个小数大于第二个小数.

同样容易看出,两个小数,若整数部分相同,则比较十分位,十分位上的数越大,则这个小数越大;若十分位上的数相等,则比较百分位,继续下去,直到比较出大小关系.

§185　通过移动小数点来改变小数的大小

例如,将小数 3.274 中的小数点向右移动一个单位,得到 32.74,第一个小数中的 3 表示 3 个一,第二个小数中的 3 表示 3 个十,因此,这个单位上的数扩大了 10 倍;2 在第一个小数中表示 2 个十分之一,在第二个小数中表示 2 个一,因此,这个单位上的数也扩大了 10 倍. 同样,其他单位上的数都扩大了 10 倍. 所以,将小数点向右移动一个单位,这个小数就扩大 10 倍.

由此可见,将小数点向右移动 2 位,可以使小数扩大 100 倍;向右移动 3 位,就扩大 1000 倍;等等.

相反,将小数点向左移动 1 个单位,小数缩小 10 倍;向左移动 2 个单位,就缩小 100 倍;向左移动 3 个单位,小数缩小 1000 倍;等等.

§186　通过移动小数点得到乘以 10,100,1000 等的结果

例如,将小数 0.02 扩大 10000 倍. 只需将其中的小数点向右移动 4 位,但这个小数点后只有两位,要使其小数点移动 4 个单位,只需在右边加上 2 个零,这样小数的大小就不会改变,然后把小数点移动到这个数的末尾,就得到了整数 0200,即 200.

又例如,将此小数缩小 100 倍,只需将小数点向左移动 2 个单位,但这个小数的小数点左边只有 1 个单位,为了有两个单位,在其左边加上 2 个零,这个小数的大小不会改变,然后将小数点向左移动两个单位,即 0.0002.

由此得出,任何一个整数都可以看作右边有无限多个小数位是 0 的小数.

因此,在小数的乘法运算中,当乘以 10,100,1000 等和整数的乘法一样. 例如, 小数 0.567000 乘以 10 等于 5.67.

第 2 节　小数的运算

一、小数的加法运算

§187　小数的加法运算与整数的加法运算相同

例如,2.078 + 0.75 + 13.5602.

首先把这些小数依次写出,使各个数位的数对齐,然后画一条横线,在横线下面写出加法运算的结果. 使其十分位与十分位对齐;百分位与百分位对齐;等等.

115

具体运算过程如下:

2.078	2.0780
0.75	0.7500
+13.5602	+13.5602
16.3882	16.3882

首先从最低阶单位开始运算,万分位上只有 2,因此在横线下万分位位置写上 2;千分位上只有 8,因此在千分位位置上写上 8;百分位上有 7,5 和 6,加和等于 18,因此在百分位位置上写上 8,并记住还有 1 个十分之一;接着计算十分位上的数,十分位上有 7 和 5,加和等于 12,再加上一步得到的 1,一共是十分之 13,因此在十分位的位置上写上 3,并记住还有 1 个一;然后计算个位上的数,2 加 3 等于 5,再加 1 个一等于 6,因此在个位的位置上写 6;最后计算十位上的数, 只有 1. 因此,这个小数加法运算的结果为 16.3882.

为了避免运算中的错误,经常用 0 来补全小数的所有数位,就像上述列式计算右侧的运算那样.

二、小数的减法运算

§188   小数的减法运算与整数的减法运算相同

例如,5.709 - 0.30785.

将这两个小数的各个数位对齐,然后在减数下面画一条横线,在横线下面写出减法运算的结果.

具体运算过程如下:

5.709	5.70900
−0.30785	−0.30785
5.40115	5.40115

首先十万分位减十万分位,由于被减数的十万分位是 0,因此要向上一高阶单位借一个数,但万分位也是 0,就要从千分位借一个单位,从千分位的 9 借一个单位,分解成 10 个万分之一,然后从万分位中借一个单位,分解成 10 个十万分之一. 然后对于十万分位,10 减 5 等于 5,在横线下十万分位上写上 5;此时万分位上 9 减 8 等于 1,在横线下万分位上写上 1;千分位还剩 8,减 7 等于 1,在横线下千分位上写上 1;百分位 0 减 0 等于 0,在横线下百分位上写上 0;十分位 7 减 3 等于 4,在横线下十分位上写上 4;最后个位 5 减 0 等于 5,在横线下个位上写上 5. 因此,这个小数减法运算的结果为 5.40115.

用同样的方法,也可以计算整数减小数,例如,3 - 1.873.

3	3.000
−1.873	−1.873
1.127	1.127

首先从 3 中借 1 个一,分解成 10 个十分之一,将其中 1 个十分之一分解成 10 个百分之一,再将其中 1 个百分之一分解成 10 个千分之一. 然后对于千分之一,10 减 3 等于 7,所以结果的千分位是 7. 对于百分位,借走一个 1,还剩 9 个百分之一,9 减 7 等于 2,所以结果的百分位是 2. 对于十分位,借走一个 1,还剩 9 个十分之一,9 减 8 等于 1,所以结果的十分位是 1. 最后个位还剩 2 减 1 等于 1,所以结果的个位是 1. 因此,这个整数减小数的运算结果为 1.127.

三、小数的乘法运算

§189 **小数的乘法运算有以下两种情况:第一,其中一个乘数是整数;第二,两个乘数都是小数**

例如,3.085×23 和 8.375×2.56.

如果用一个十进制分数来表示一个小数,并应用分数乘法法则,将得到

$$\frac{3085}{1000} \times 23 = \frac{3085 \times 23}{1000} = \frac{70955}{1000} = 70.955$$

$$\frac{8375}{1000} \times \frac{256}{100} = \frac{8375 \times 256}{1000 \times 100} = \frac{2144000}{100000} = 21.44000 = 21.44$$

$$
\begin{array}{r}
3.085 \\
\times\ \ 23 \\
\hline
9255 \\
6170\ \ \\
\hline
70.955
\end{array}
\qquad
\begin{array}{r}
8.375 \\
\times\ 2.56 \\
\hline
50250 \\
41875\ \ \\
16750\ \ \ \ \\
\hline
21.44
\end{array}
$$

因此可以推导出以下一般规则.

§190 **规则**

对于小数的乘法运算,可以先舍弃小数点,将得到的整数相乘,然后查一下一共有几位小数,最后将得到的整数用小数点分开即可.

四、小数的除法运算

§191 小数的除法运算有以下两种情况：第一，除数是整数；第二，除数是小数

例如，$39.47 \div 8$. 首先用 39 除以 8，得到近似商是 4，余数是 7；将 7 个 1 转化为 70 个十分之一，还有 4 个十分之一，加在一起一共是 74 个十分之一，用 74 个十分之一除以 8，近似商是 9，余数是 2 个十分之一；将 2 个十分之一转化为 20 个百分之一，还有 7 个百分之一，加在一起一共是 27 个百分之一，用 27 个百分之一除以 8，近似商是 3，余数是 3 个百分之一. 假设计算停留在这一步，那么我们得到的近似商为 4.93，要想知道它与准确商相差多少，就要继续进行运算. 为得到准确商，只需将 3 个百分之一除以 8，等于 3/8 百分之一，这表示准确商为 $4.93 + 3/8$ 百分之一，其误差小于百分之一（3/8 百分之一小于百分之一）. 因此称 4.93 是一个近似商，其精度为 1/100. 如果不舍掉 3/8 百分之一，而是把这个分数加到商中，误差也小于 1/100，便得到另一个近似商 $4.93 + 0.01$，即 4.94，精确度也是 0.1. 因此，4.93 小于准确商，4.94 大于准确商，则第一个数是不足商，第二个数是过剩商.

如果我们继续这个过程，把余数再细分，将得到精度更高的近似商. 将余数 3 个百分之一转化为 30 个千分之一，然后用 30 个千分之一除以 8，得出的商为 4.933（不足）或 4.934（过剩），其误差小于 1/1000.

接着继续这个过程，有时可以使余数为 0，就得到准确商，具体运算过程如下.

```
39.47 | 8
 74     4.93375
 27
 30
 60
 40
  0
```

若想得到一个精确到百万分之一的近似商,则当商有百万分位时,就停止计算. 因此,小数除以整数的方法与整数除以整数的方法相同,余数需要转化为小数,并且这个转化一直持续到求出准确商;在整数除以整数时,若想得到准确商,也是这样做的. 例如,30 ÷ 7. 我们得到近似商为 4.2857(不足) 或 4.2858(过剩),其精确度为 $\frac{1}{10000}$.

§192　如何求一个近似商,其精确度为 $\frac{1}{2}$

在两个精确度为 $\frac{1}{2}$ 的近似商中,一个为不足商,另一个为过剩商,即若其余数小于 $\frac{1}{2}$,是不足商;若其余数大于 $\frac{1}{2}$,是过剩商.

例如,在 39.47 ÷ 8 中,取近似商 4.93,其余数是 3 个百分之一,这里数 3 小于除数 8 的一半,即小于 4,则其准确商为 $4.93 + \frac{3}{8}$ 百分之一,它与数 4.93 相差 $\frac{3}{8}$ 百分之一,与数 4.94 相差 $\frac{5}{8}$ 百分之一,在这种情况下,取不足商更为精确.

在同一个例子中,取近似商 4.933,其余数是 6 个千分之一,这里数 6 大于除数 8 的一半,即大于 4,则其准确商数是 $4.933 + \frac{6}{8}$ 千分之一,它与数 4.933 相差 $\frac{6}{8}$ 千分之一,与数 4.934 相差 $\frac{2}{8}$ 千分之一,在这种情况下,取过剩商更为精确.

规则:为得到精确度为 $\frac{1}{2}$ 的近似商,需要多次进行除法运算,直到商达到该数的最低阶的位数,若余数的那个数字大于除数的 $\frac{1}{2}$,则将其数位上的数加 1,否则保持不变.

§193　当除数是小数时,可以通过以下方式转化为第一种情况

例如,3.753 ÷ 0.85. 一个数除以 $\frac{85}{100}$,可以将这个数乘以 100,然后除以 85,即 375.3 除以 85,这样就得到一个小数除以一个整数,即 375.3 ÷ 85 = 4.415….

当一个整数除以小数也可以这样来进行运算,例如,7 ÷ 3.25 = 700 ÷ 325 = 2.153….

规则:一个数除以一个小数,先将除数上的小数点去掉,除数扩大多少倍,被除数就扩大多少倍,这样就转化为一个数除以一个整数,然后利用除法法则进行运算即可.

第3节　将普通分数转化为小数

§194　普通分数转化为小数的方式

由于十进制分数转化为小数比普通分数更容易,所以先将普通分数变成十进制分数往往更简便,具体有两种转化方式.

§195　第一种方法:将分母分解质因数

例如,将 $\frac{7}{40}$ 转化为一个十进制分数. 为此需要考虑将分数 $\frac{7}{40}$ 的分母减小或扩大到10的倍数,分子、分母需要同时乘以一个数,使分母转化为10的倍数. 为了表示成10的倍数,只需将 10,100,1000 分解为几个2和5相乘,比如,1000 =

$10 \times 10 \times 10 = 2 \times 5 \times 2 \times 5 \times 2 \times 5;10000 = 10 \times 10 \times 10 \times 10 = 2 \times 5 \times 2 \times 5 \times 2 \times 5 \times 2 \times 5;$等等. 将40分解质因数$40 = 2 \times 2 \times 2 \times 5$,即40分解成3个2和1个5相乘. 因此,可以将40转化为10的3次方,即1000,为了使分数不改变其大小,将分子和分母同时乘以5×5,即25,就将这个分数转化为十进制分数.

通过这种方法的研究,可以看出:

(1)如果普通分数的分母没有除2和5以外的质因数,那么该分数能被转化为小数.

(2)如果普通分数的分母有除2和5以外的质因数,并且这些因数不是分子的因数,那么这个分数就不能被转化成有限小数.

例如,分数$\frac{35}{84}$的分母84有质因数3和7. 首先检验分子中是否有质因数3和7,35中有质因数7,约分后为$\frac{5}{12}$,分母12有质因数3,4,因此这个分数不能转化为有限小数,因为无论将其分母乘以什么数,都不会得到10的几次方.

(3)将普通分数转化为小数,其小数点后数字的个数与因数2和5在小数的分母中出现的次数一样.

例如,分数$\frac{7}{80}$,其分母可写成四个2和一个5相乘,为使其2和5的数量相同,在分子和分母上同时乘以三个5,这样就得到了四个2和四个5相乘,也就是说,相乘后分母为10000,因此得到的小数点后将有4位数.

例如,$\frac{7}{80} = \frac{7}{2 \times 2 \times 2 \times 5} = \frac{7 \times 5 \times 5 \times 5}{80 \times 5 \times 5 \times 5} = \frac{875}{10000} = 0.0875.$

§196　第二种方法:分子除以分母

这种方法比第一种方法更通用.

例如,将分数$\frac{23}{8}$转化为小数.对于整数除以整数,可以得到准确或近似商,只需把余数进行多次除法运算,直到余数为零,对于$\frac{23}{8}$,其等于2.875.

又例如,将$\frac{3}{14}$转化为小数,由于这个分数是不可约分数,它的分母14有质因数7,所以它不能被转化为有限小数,只能得到一个近似于$\frac{3}{14}$的小数.如果想求一个与$\frac{3}{14}$相差小于$\frac{1}{1000}$的小数,只需小数点后有三位数字即可.近似商为

0.214或0.215.若想求精确度更高的小数,就按照这种方式继续下去,然而永远不能结束,否则将得到一个小数,这将是不可能的,但我们能得到尽可能精确的小数.

§197　有限小数和无限小数

若一个数的小数点后的数有限,称为有限小数;若一个数的小数点后的数无限,称为无限小数.不能转化为有限小数的普通分数必能转化为无限小数.

§198　循环小数

循环小数是指一个数的小数部分从某一位起,一个或几个数字依次重复出现的无限小数,循环小数中有循环节(循环点),并且可以转化为分数.

循环小数又分为纯循环小数和混循环小数.纯循环小数的循环节是从小数点后的第一位就开始的小数;混循环小数的循环节是从小数点后面第二位数及第二位之后开始的小数.例如,2.3636…是纯循环小数;0.52323…是混循环小数.

§199　将普通分数转化为有限或无限小数

如果一个分数的分母的质因数只有2和5的话,其就能化成有限小数;如果分母的质因数有2和5以外的质数的话,就只能化成无限小数.

例如,将普通分数$\frac{19}{7}$转化为小数,由于分母7的质因数不是2和5,它不能被转化为有限小数. 因此,它可以转化为无限小数. 下面用19除以7,近似商为2,余数为5;接着用50个十分之一除以7,得到7,余数为十分之一;继续运算下去,余数可能出现重复. 的确,第7个余数的数字5与第一个余数的数字5重复,那么加上0就会得到与之前相同的被除数(50),这意味着商将开始有与之前相同的数字,即商是一个循环小数.

具体运算过程如下.

```
19 | 7
50   2.7142851
10
 30
 20
 60
 40
 50
```

第4节　普通分数与小数的相互转化

§200　基本转化

例如,将$\frac{1}{9},\frac{1}{99},\frac{1}{999}$等这样的分数转化为小数,其分子是1,分母是9,99,999等.

$$\frac{1}{9} \qquad\qquad \frac{1}{99} \qquad\qquad \frac{1}{999}$$

$$\begin{array}{c|l} 10 & 9 \\ \hline 10 & 0.111\cdots \\ \hline \underline{10} \\ 1 \end{array} \qquad \begin{array}{c|l} 100 & 99 \\ \hline 100 & 0.0101\cdots \\ \hline 1 \end{array} \qquad \begin{array}{c|l} 1000 & 999 \\ \hline 1000 & 0.001001\cdots \\ \hline 1 \end{array}$$

$$\frac{1}{9}=0.111\cdots \qquad \frac{1}{99}=0.0101\cdots \qquad \frac{1}{999}=0.001001\cdots$$

通过对以上运算过程的分析,我们发现转化后的循环小数,其小数点后的数要么是1,要么是01,001,…,即循环节的位数与分母中9的数量相同.

§201　将纯循环小数转化为普通分数

对于0.232323… 和0.010101…,第一个分数中有23个百分之一,23个万分之一,23个百万分之一,等等;第二个分数中有1个百分之一,1个万分之一,1个百万分之一,等等. 这意味着,第一个小数是第二个小数的23倍.

下面将循环小数转化为普通分数. 转化规则为:把一个循环小数转化成一个普通分数,只需将循环节作为分子,分母是9,99,999,…,9的数量与循环节的数字个数相等.

例如,0.232323… 可以转化为$\frac{23}{99}$.

$$\begin{array}{c|l} 230 & 99 \\ \underline{198} & 0.23\cdots \\ 320 \\ \underline{297} \\ \hline 23 \end{array}$$

注意:(1)纯循环小数,比如,0.999… 不能从任何一个普通分数转化为小数得到.如果存在这样的普通分数,那么必须等于 $\frac{9}{9}$,即1,但1不能转化为无限循环小数.

(2)将一个有限小数或者纯循环小数转化为普通分数时,其分数分母的质因数中除 2 和 5 之外没有其他质数.

§202 将混循环小数转化为普通分数

例如,将混循环小数 0.35252… 转化为普通分数.

首先将小数点向右移动一位,也就是将这个数扩大 10 倍,即 3.5252…,此时这个小数是一个纯循环小数,这个小数有 3 个一,52 个百分之一,52 个万分之一,……,然后将其转化为普通分数,用 3 乘以 99,再加 52,等于 349,即分数的分子是 349,分母为 99,然后再把这个分数缩小 10 倍,即 $\frac{349}{990}$.

当然也可以这样来计算,$3\frac{52}{99} = \frac{3\times99+52}{99} = \frac{3\times100-3+52}{99} = \frac{352-3}{99}$.

$$
\begin{array}{r|l}
3490 & 990 \\
\underline{2970} & 0.352\cdots \\
5200 \\
\underline{4950} \\
2500 \\
\underline{1980} \quad & \frac{349}{990}=0.3525252\cdots \\
520
\end{array}
$$

规则:将一个混循环小数转化为普通分数,只需先将这个混循环小数扩大 10 的整数倍,使其转化为纯循环小数,然后再将其转化为带分数,带分数的整数部分是除循环节以外的数,分数部分的分子是循环节,分母是和循环节具有相等数量的数 9,99,999 等,然后再将这个带分数缩小相同的倍数,使其与原混循环小数相等.

例如, $0.26444\cdots = \dfrac{264-26}{900} = \dfrac{238}{900} = \dfrac{119}{450}$; $5.7888\cdots = 5\dfrac{78-7}{90} = 5\dfrac{71}{90}$;

$5.7888\cdots = \dfrac{578-57}{90} = \dfrac{521}{90} = 5\dfrac{71}{90}$.

§203   将普通分数转化为有限小数和无限小数

规律:分数的分母若不含有质因数 2 和 5,就会转化为一个无限小数.

例如, $\dfrac{3}{7} = 0.428571\cdots$, $\dfrac{2}{3} = 0.6666\cdots$, $\dfrac{5}{11} = 0.4545\cdots$.

规律:分数的分母若只有质因数 2 和 5,就会转化为一个有限小数.

例如, $\dfrac{35}{42} = \dfrac{5}{6} = 0.83333\cdots$.

§204   近似数和精确数

如果一个数是准确的,称为精确数;如果一个数与精确数相近但不相等,称为近似数.

例如,有限小数 0.83 是一个精确数;无限小数 $0.83333\cdots$ 是一个近似数,其小数位可以无限增加,即可以近似为 $0.8, 0.83, 0.833, 0.8333$;等等.

若一个数按照一定的规律变化,接近一个确定的数,若这个数和这个确定的数的差能够无限的小,则这个确定的数就称为其近似数.

例如,小数 $0.999\cdots$ 其小数的数位可以无限增加,其无限接近数 1,通过增加小数位,1 与这个小数的差值无限的小,那么 1 就是这个小数的近似数.

一个普通分数转化为小数,可能得到有限小数,即精确数;也有可能得到无限小数,即近似数,如果其小数的位数无限制增加,就会趋向于某个精确数.

126

例如,将分数 $\dfrac{3}{14}$ 转化为小数,即 $0.214285\cdots$,若近似数是 0.2,其精确度为 $\dfrac{1}{10}$;若

近似数是 0.21,其精确度为 $\dfrac{1}{100}$;若近似数是 0.2142,其精确度为 $\dfrac{1}{10000}$;等等.

§205　如何求循环小数

纯循环小数:循环节从小数部分第一位开始的循环小数,称为纯循环小数,
纯循环小数是从十分位开始循环的小数.

例如,纯循环小数 $0.2323\cdots$ 用一个分数 x_n 来表示这个小数,即

$$x_n = 0.232323\cdots 23 = \frac{23}{100} + \frac{23}{100^2} + \frac{23}{100^3} + \cdots + \frac{23}{100^n} \qquad ①$$

将该方程左右同时乘以 100,即

$$100x_n = 23.2323\cdots 23 = 23 + \frac{23}{100} + \frac{23}{100^2} + \cdots + \frac{23}{100^{n-1}} \qquad ②$$

等式 ② 减去等式 ① 得到,$99x_n = 23 - \dfrac{23}{100^n}$,$x_n = \dfrac{23}{99} - \dfrac{23}{99 \times 100^n}$.

这个方程表示,随着 n 的增加,变量 x_n 接近分数 $\dfrac{23}{99}$,因此,循环小数

$0.232323\cdots$ 转化为分数 $\dfrac{23}{99}$.

混循环小数:循环节不是从小数部分第一位开始的小数,叫混循环小数.

例如,混循环小数 $0.52375375\cdots$,则

$$x_n = \frac{52375 - 52}{99900} - \frac{375}{99900 \times 1000^n}$$

$$x_n = 0.52375375\cdots = \frac{52}{100} + \frac{375}{100 \times 1000} + \frac{375}{100 \times 1000^2} + \cdots + \frac{375}{100 \times 1000^n} \qquad ③$$

将该方程左右两边同时乘以 100,即

$$100x_n = 52 + \frac{375}{1000} + \frac{375}{1000^2} + \cdots + \frac{375}{1000^n} \qquad ④$$

$$100000x_n = 52375 + \frac{375}{1000} + \frac{375}{1000^2} + \cdots + \frac{375}{1000^{n-1}} \qquad ⑤$$

等式 ⑤ 减去等式 ④ 得到

$$99900x_n = (52375 - 52) - \frac{375}{1000^n}$$

$$x_n = \frac{52375 - 52}{99900} - \frac{375}{99900 \cdot 1000^n}$$

从这个等式中可以看出,随着 n 的增加,变量 x_n 无限接近分数 $\frac{52375 - 52}{99900}$.

因此,混循环小数 0.52375375… 可以转化为分数 $\frac{52375 - 52}{99900}$.

第 5 节　计 量 系 统

§206　许多国家都采用法国或公制计量系统,其突出特点是简单方便

将一米分成 10 等份,每份是一米的十分之一;将一米分成 100 等份,每份是一米的一百分之一;等等.

为命名一米的十分之一、百分之一等,在"米"的前面加上拉丁语,即分米(一米的十分之一)、厘米(一米的百分之一)、毫米(一米的千分之一). 因此,10 分米是 1 米,100 厘米是 1 米,1000 毫米是 1 米.

长度的公制计量单位换算:1 米 = 10 分米 = 100 厘米 = 1000 毫米,1000 米 = 1 公里.

以下是公制计量系统与英制计量系统之间的换算:1 米 = 39.37 英寸,1 米 ≈ 3.28 英尺.

公制计量系统的缩写,米:m;分米:dm;厘米:cm;毫米:mm;千米(公里): km.

平方单位用于衡量面积,主要有平方米、平方分米等. 每一个高阶单位都是它的低一阶单位的 100 倍,一平方分米是 100 平方厘米. 测量田地的面积,往往使用公亩①和公顷来衡量,1 公亩 = 100 平方米,1 公顷 = 10000 平方米.

立方单位用于衡量体积,主要有立方米、立方分米等. 每一个高阶单位都是它的低一阶单位的 1000 倍,一立方米是 1000 立方分米.

升用于衡量液体的体积,1 升等于 1 立方分米;克用于衡量质量,还有分克、厘克、毫克、百克和千克等;法币用于衡量货币,它是一种银币,质量为 5 克,大约含有 9 份纯银和 1 份铜.

§207　由于公制计量单位的比率方便计算,所以这个系统比其他系统计算简单

例如,将 2 千米 5 百米 7 十米 3 米 8 分米 4 厘米 6 毫米这个数的单位统一,为 2573.846 米,同时也可转化为分米、毫米、千米等,即将小数点向左或向右移动,得到 2573.846 米 = 25738.46 分米 = 257384.6 毫米 = 2.573846 千米.

将一个只含有一个单位的数转化为多个单位的数也是很容易的.

---

① 公亩一词已被停止使用.

例如,将2380746毫克转化为含有多个单位的数. 由于1克 = 1000毫克,则

2380746 毫克 = 2380. 746 克 = 2 千克 380 克 7 分克 4 厘克 6 毫克.

§208   公制的便利

公制有以下三个便利:

(1) 对于不同的度量单位,只需考虑主要单位即可.

(2) 度量单位的比例对所有类别都是一样的(长度、面积和体积).

(3) 这种单位的比例是公制系统的基础,因此对带有多个单位的数进行转

化时大大简化计算过程.

第6章 比和比例

第1节 比

§209 比的定义

某一单位的一个数与同一单位的另一个数进行除法运算的结果称为比,比是一个抽象数,第二个数乘以这个抽象数等于第一个数.

例如,对于长度,15 弧度与 3 弧度的比是 5,3 弧度乘以 5 等于 15 弧度;对于质量,3 磅与 15 磅的比是 1/5,15 磅乘以 1/5 等于 3 磅.

当然也有两个抽象数的比,例如,25 和 100 的比是 1/4,100 乘以 1/4 等于 25.

对于比,第一个数称为前项,第二个数称为后项. 当比为整数时,它表示前项是后项的多少倍;当比是一个分数时,它表示后项是前项的几分之几.

由于前项等于后项乘以比,所以可以将前项看成被除数,后项看成除数,比看成商. 因此,习惯将比记作除法符号. 比如,2 磅与 10 磅的比表示为 2 磅:10 磅. 具体数的比总可以转化为抽象数的比,比如,336 磅与 3 磅的比可以看成抽象数 336 与 3 的比,因此,我们只讨论抽象数的比.

§210　前项、后项和比的关系

前项等于后项乘以比（被除数等于除数乘以商）；后项等于前项除以比（除数等于被除数除以商）；比扩大（或缩小）的倍数与前项扩大（或缩小）的倍数相同；比缩小（或扩大）倍数与后项扩大（或缩小）倍数相同；如果前项和后项同时扩大或缩小相同的倍数，比不变.

§211　求比的前项或后项

若一个比的前项未知，则通过后项乘以比得到；若后项未知，则通过前项除以比得到. 例如，$x : 7\frac{1}{2} = 2$，$x = 7\frac{1}{2} \times 2 = 15$；$15 : x = 2$，$x = 15 : 2 = 7\frac{1}{2}$.

132

§212　比的前项和后项同时除以一个相同的数，比不变

例如，$42 : 12$，前项和后项同时除以 6，即 $7 : 2$，这两个比相等.

§213　将比中的分数进行转化

一个比的前项和后项同时乘以同一个数，比不变. 利用这一性质，可以将任何一个带有分数项的比转化为一个前项和后项都是整数的比. 比如，对于 $\frac{7}{3} : 5$，将这个比的前项和后项都乘以 3，即 $7 : 15$，这个新得到的比与原来的比相等.

如果比的前项和后项都是分数，只需将其转化为同分母分数，然后只将其分子作比即可. 比如，对于 $\frac{5}{14} : \frac{10}{21}$，将分数的分母 14 和 21 统一转化为 42，则这个比转化为 $\frac{15}{42} : \frac{20}{42}$，然后只看其分子的比即可，即 $15 : 20$，最后化简为 $3 : 4$.

§214　反比关系

如果第一个比的前项是第二个比的后项,第二个比的后项是第一个比的前项,那么这两个比互为反比.例如,10∶5和5∶10.

由于比可以表示为分数,所以互为反比与互为倒数是一样的.

第2节　比　　　例

§215　比例的定义

表示两个或多个比相等的关系称为比例.

例如,"8磅∶4磅"和"20弧度∶10弧度"的比都是2,因此可以写为 *133* "8磅∶4磅 = 20弧度∶10弧度",用抽象数代替具体数,即得到8∶4 = 20∶10.

上述比例可以有两种不同的解释:8与4的比等于20与10的比,或8乘以10等于4乘以20.构成比例的四个数称为比例数,其中第一个和最后一个数称为比例的外项,第二个和第三个数称为比例的内项.

§216　改变比例项的大小,而不改变比例的大小

改变比例中的项,但仍使第一个比等于第二个比,则这个比例关系没有改变.

(1)如果在一个比例中,第一个比的两个项或第二个比的两个项都扩大或缩小相同的倍数,那么这两个比仍相等.例如,12∶6 = 48∶24;36∶18 = 48∶24;12∶6 = 16∶8.

(2)如果两个比的前项或后项扩大或缩小相同的倍数,那么这两个比仍相等.

例如,12∶6 = 48∶24;36∶6 = 144∶24;12∶2 = 48∶8.

(3)如果两个比的所有项同时扩大或缩小相同的倍数,那么这两个比仍相等.

例如,12:6 = 48:24;6:3 = 24:12.

§217   比例的变化

在一个比例中,若两个比的后项有相同的公因数,则这两个比的后项同时除以这个公因数,得到的这两个比仍相等.

例如,$x:20 = 35:25,x:4 = 35:5,x:4 = 7:1$.

§218   比例中的分数的转化

下面举三个例子来说明,例如,$10:3 = 2:\dfrac{3}{5}$,为使两个比相等,可以将两

个比中的后项都扩大5倍,或者将后项都乘以$\dfrac{5}{3}$,即$10:15 = 2:3$和$10:5 = 2:1$.

又例如,$8:\dfrac{7}{9} = 10:\dfrac{35}{36}$,将两个分数化成同分母的分数,并去掉分数的分母,比之间的相等关系仍成立,即$8:28 = 10:35$.

又例如,$3:\dfrac{7}{8} = \dfrac{17}{6}:\dfrac{119}{144}$,将所有的分数的分母统一,并去掉分数的分母,比之间的相等关系仍成立,即$432:126 = 408:119$.

§219   比例的重要性质

一个比例的外项之积等于内项之积,比如,在$8:4 = 20:10$中,外项8乘以10等于内项4乘以20.

为证明比例这一性质,将比例表示为$A:B = C:D$.

根据比的性质,可以写成:A等于B乘以比,C等于D乘以比,这两个等式的

比相等(根据比例的定义).从而 A 乘以 D 再乘以比,B 乘以比再乘以 C,即 A 乘以 D 乘以比等于 B 乘以 C 乘以比,将比约掉,即 A 乘以 D 等于 B 乘以 C.在这里,A 和 D 是外项,B 和 C 是内项,外项之积等于内项之积.

§220　逆向考虑

如果两个数的乘积等于另外两个数的乘积,那么这 4 个数可以组成一个比例,把一个乘积的两个因子作为比例的外项,另一个乘积的两个因子作为比例的内项.

例如,4 和 21,7 和 12,第一组数的乘积等于第二组数的乘积,即 $4 \times 21 = 7 \times 12$.

现在将这个关系写成一个比例,将其分成可能的以下 4 种情况:$4 \times 7,4 \times 12,21 \times 7,21 \times 12$,其中第一个乘数来自第一个乘积(4 乘以 21),另一个乘数来自第二个乘积(7 乘以 12),则有以下等式成立 $\frac{4 \times 21}{4 \times 7} = \frac{7 \times 12}{4 \times 7};\frac{4 \times 21}{4 \times 12} = \frac{7 \times 12}{4 \times 12};\frac{4 \times 21}{21 \times 7} = \frac{7 \times 12}{21 \times 7};\frac{4 \times 21}{21 \times 12} = \frac{7 \times 12}{21 \times 12}.$ 将这些等式约分,即得到 $\frac{21}{7} = \frac{12}{4};\frac{21}{12} = \frac{7}{4};\frac{4}{7} = \frac{12}{21};\frac{4}{12} = \frac{7}{21}.$ 这 4 个等式都是一个比例,其外项之积等于内项之积.

要检验一个比例是否正确,例如,$4:7 = 868:1519$,只需检验 1519 乘以 4 是否等于 868 乘以 7.

§221　求一个比例的内项

例如,$8:0.6 = x:\frac{3}{4}$,由于内项之积等于外项之积,则 $0.6x = 8 \times \frac{3}{4}$,外项之积为 6,则 $0.6x$ 也等于 6,所以 x 等于 6 除以 0.6,即为 10.

因此,对于一个比例,其中一个内项等于外项的乘积除以另一个内项;同样,其中一个外项等于内项的乘积除以另一个外项.

§222 比例中项的重新排列

对于每一个比例,可以重新排列内项和外项,只要重新排列后的内项之积等于外项之积即可.

例如,在比例 $4:7 = 12:21$ 中,重新排列内项,得到 $4:12 = 7:21$. 然后再交换比例的外项和内项,得到另外两个比例,即 $21:7 = 12:4;21:12 = 7:4$. 最后,将这4个比例中的每一个前项和后项交换,就得到以下四个比例,即 $7:4 = 21:12;12:4 = 21:7;7:21 = 4:12;12:21 = 4:7$.

136

§223 连续比例

若一个比例的两个内项相等,则称连续比例,这个内项叫作比例中项.

例如,$32:16 = 16:8,80:20 = 20:5$ 都是连续比例,16 和 20 称为比例中项. 比例中项是其他两项的几何平均数. 因此,16 是 32 和 8 的几何平均数,20 是 80 和 5 的几何平均数.

如何求两个数 a 和 b 的几何平均数?用 x 表示所要求的几何平均数,由定义得到以下比例,$a:x = x:b$,则有 $x^2 = ab,x = \pm\sqrt{ab}$. 根据这个等式,可以把两个数的几何平均数定义为它们乘积的平方根. 这个定义可以扩展到两个以上数的情况,即 n 个数的几何平均数是这些数的乘积的 n 次方根.

有时需要求两个、三个或更多数的算术平均数,多个数的算术平均数是这些数的总和除以它们的数量. 例如,5 个数 $10,2,18,4$ 和 6 的算术平均数是

$$\frac{10 + 2 + 18 + 4 + 6}{5} = 8.$$

§224　复合比例

将几个比例的前项和后项分别相乘,将得到一个新的比例.

例如,将这两个比例 $40:10 = 100:25, 4:2 = 10:5$ 的前项和后项分别相乘得到新比例,即 $(40 \cdot 4):(10 \cdot 2) = (100 \cdot 10):(25 \cdot 5)$,即 $160:20 = 1000:125$,其比等于这两个给定比的乘积.

将几个比例的前项和后项分别相除,将得到一个新的比例.

例如,将这两个比例 $40:10 = 100:25, 8:4 = 10:5$ 的前项和后项分别相除得到新比例,即 $\dfrac{40}{8}:\dfrac{10}{4} = \dfrac{100}{10}:\dfrac{25}{5}$,即 $5:2\dfrac{1}{2} = 10:5$,其比等于这两个给定比的商.

§225　衍生比例

从一个比例中得到其他几个比例,称为衍生比例.

例如,对于比 $21:7$,如果将前项加上后项,就得到一个新比,即 $(21 + 7):7$,这个比的结果比原来大 1;如果将前项减去后项,就会得到一个新比,即 $(21 - 7):7$,这个比的结果比原来小 1.

又例如,对于比例 $21:7 = 30:10$,可以用这种方式得到一个新的比例 $(21 + 7):7 = (30 + 10):10$,其中每个比都比原比例的比大 1;现在把这个比例变成 $(21 - 7):7 = (30 - 10):10$,这个比例的比比原比例的比小 1.

重新排列第一个比例,交换内项得到 $(21 + 7):(30 + 10) = 7:10$,也就是 $21:30 = 7:10$. 因此,$(21 + 7):(30 + 10) = 21:30$,交换中间两项,得到

$$(21 + 7):21 = (30 + 10):30 \qquad ①$$

重新排列第二个比例,交换内项,得到 $(21 - 7):(30 - 10) = 7:10$,也就是 $21:30 = 7:10$. 因此,$(21 - 7):(30 - 10) = 21:30$,交换中间两项,得到

$$(21-7):21 = (30-10):30 \qquad ②$$

再将比例①和②的内项交换位置,得到$(21+7):(30+10) = 7:10$和

$(21-7):(30-10) = 7:10$,即$(21+7):(30+10) = (21-7):(30-10)$,

然后交换中间两项,得到$(21+7):(21-7) = (30+10):(30+10)$.

第7章　　关于比例的一些问题

第1节　　简 单 问 题

一、正 比 关 系

§226　　价格和长度问题

问题1：如果一块8英寸的布的价格是30卢布，那么15英寸这样的布多少卢布？

在此问题中，8英寸和15英寸是两个单位相同的数，即布的长度；30卢布和所求的卢布数也是两个单位相同的数，即布的价格. 长度与价格是相互依赖的，长度的变化会影响价格的变化，下面就来研究这二者的依赖性.

首先取10英寸和25英寸的两块布，那么与之对应也有两个价格，其数值是唯一确定的，与布的长度一一对应.

假设不知道10英寸布和25英寸布的价格，但是可以确定的是25英寸的布比10英寸布价格高，以及25英寸布的价格是10英寸布的价格的多少倍，换句话说，25英寸布的价格与10英寸布的价格的比与25英寸与10英寸的比相同.

通过计算，25英寸与10英寸的比是$2\frac{1}{2}$，而数25与数10的比也是$2\frac{1}{2}$，即无论取什么单位，这两个数的比都相等. 若两个数以这样的方式相互依赖，其中一个数对应另一个数，并且每一对数的比都相等，则这两个单位是正比关系.

因此，布的长度与其价格成正比，或布的价格与其长度成正比，即如果长度扩大 2 倍、3 倍、4 倍等,其价格也将扩大 2 倍、3 倍、4 倍等.

§227　解决问题

在理解了两个数之间的依赖性后,下面来解决这个问题.

因为 8 英寸布的价格是 30 卢布,而布的价格与其长度成正比,则 1 英寸布的价格是 $\frac{30}{8}$ 卢布,所以 15 英寸的布的价格是 $\frac{30}{8} \times 15 = 56\frac{1}{4}$ 卢布. 解决这个问题的方法称为单位化,通过这种方法,使得问题的一个已知条件简化为单位 1(在此问题中,单位 1 是 1 英寸布的价格).

二、反 比 关 系

§228　时间和数量问题

问题 2:6 名工人在 18 天内完成一项工作,则 9 名工人在多少天内可以完成这项工作?

这个问题中也有两个单位:工人的数量、工人工作的时间. 这两个量也是相互依赖的,其中一个变化会影响另一个,但这种依赖性与问题 1 的依赖性不同.

在问题 1 中,一个单位的任意两个数的比等于另一个单位的相对应的两个数的比;而问题 2 中,一个单位的任意两个数的比等于另一个单位的相对应的两个数的比的倒数.

首先取工人的数量为 6 人和 12 人,显然工人越多工作的时间就会越少,即工人工作的时间与工人的数量成反比. 因此,如果 6 人 18 天完成工作,那么 12 人将 9 天完成工作. 因此,6 人与 12 人的比等于 18 天与 9 天的比的倒数,即 6 人:12 人 = 9 天:18 天.

若两个数相互依赖,其中某个单位的一个数对应另一单位的某个数,一个单位的任意两个数的比等于另一个单位的相对应的两个数的比的倒数,则这两个单位是反比关系.

因此,如果每位工人的工作效率相同,工人工作的时间与工人的数量成反比,即如果工人的数量扩大 2 倍、3 倍、4 倍等,其工作时间将缩小 2 倍、3 倍、4 倍等.

§229   上述问题中的数都带有单位,因此在明确两个单位之间的关系时,就可以解决问题

由于 6 个人 18 天完成此项工作,而工人工作的天数与工人的数量成反比,则 1 个人需要 18 乘以 6 天完成工作,则 9 个人需要 $\dfrac{18 \times 6}{9} = 12$ 天完成此项工作.

§230   简单问题

上述的两个问题都是两个单位之间的关系,一个是正比关系,一个是反比关系,同时每个问题中都给出了两个单位之间的一组对应的数值.

问题 1:布的长度 ——8 英寸,布的价格 ——30 卢布. 问题 2:工人的数量 ——6 人,工作的时间 ——18 天. 这两个问题都是在已知对应关系中,求另一个单位的对应值,即 15 英寸布的价格是多少?9 名工人多少天能完成此项工作?

解决这类问题的最简便方法,就是将已给的单位还原为单位 1.

例如,在解决布的价格这一问题时,由于布的价格与其长度成正比,因此 15 英寸布比 8 英寸布更贵. 因此,当用 x 来定义所要求的值时,得到 $x:30 = 15:8$,即 $x = \dfrac{30 \times 15}{8} = 56\dfrac{1}{4}$ 卢布.

在解决工人的工作时间问题时,由于工作的时间与工人的数量成反比,因此 9 个人完成工作的时间比 6 个人少. 因此,当用 x 来定义所要求的值时,得到 $x:18 = 6:9$,即 $x = \dfrac{18 \times 6}{9} = 12$ 天.

第2节 复杂问题

§231 复杂问题

问题1：如果有18个房间，每个房间4盏灯，48天一共使用了120磅石蜡．现在有20个房间，每个房间3盏灯，则125磅石蜡能使用多少天？

首先把已知信息分成两部分（把未知数放在最后位置），即18个房间—120磅—4盏—48天，20个房间—125磅—3盏—x天．

为解决这个问题，推理如下：如果18个房间，每个房间4盏灯，120磅石蜡可以使用48天，但所有数在新的情形下都发生了改变，所以可使用的天数也会发生变化．

首先假设只有第一个数变成新的数，然后是第二个和第三个．因此，首先房间的数量从18个变为20个，然后石蜡从120磅变为125磅，最后，每个房间灯的数量从4盏变为3盏．

当房间从18个变为20个，其他数保持不变，那么就得到一个简化的问题，即18个房间，可以使用48天，那么20个房间可以使用多少天？（其他条件保持不变，即120磅石蜡和每个房间4盏灯．）

上述问题可以简化为单位1来解决．由于天数与房间数成反比，如果18个房间可以使用48天，那么1个房间可以使用48×18天，则20个房间可以使用$\dfrac{48 \times 18}{20}$天．（等于$43\dfrac{1}{5}$天，但这不是最后的结果．）

现在用125磅石蜡代替原来的120磅，即问题转化为120磅石蜡燃烧$\dfrac{48 \times 18}{20}$天，则125磅石蜡能燃烧多少天？由于燃烧的天数与石蜡的磅数成正比，因此125磅石蜡将燃烧$\dfrac{48 \times 18 \times 125}{20 \times 120}$天．

最后,用 3 盏灯代替原来的 4 盏灯,即问题转化为每个房间 4 盏灯,使用 $\dfrac{48 \times 18 \times 125}{20 \times 120}$ 天,如果每个房间 3 盏灯,那么可以使用多少天?由于天数与灯的数量成反比,因此,如果一个房间里只有 1 盏灯,将使用 $\dfrac{48 \times 18 \times 125 \times 4}{20 \times 120}$ 天,那么一个房间里有 3 盏灯时,可以使用 $\dfrac{48 \times 18 \times 125 \times 4}{20 \times 120 \times 3}$ 天.

现在所有条件都已经考虑到了,通过计算得到 60 天,在这个问题中,有四个变量,分别是房间的数量、使用的天数、石蜡的数量和灯的数量,每一对变量之间有正比关系,也有反比关系.

对于"18 个房间——120 磅——4 盏灯——48 天",每个单位的数量都发生了变化,求新关系"20 个房间——125 磅——3 盏灯——x 天"中的使用天数,这类问题称为复杂问题.

第 3 节　利息问题

§232　百分比的定义

百分比表示一个数是另一个数的百分之几,也叫百分率或百分数.

例如,睡着了的学生占学生总数的百分之七十五,这表示第一个数是第二个数的百分之七十五,或者说每 100 个学生中,有 75 个学生睡着了,有 25 个学生没有睡着.

在商业问题中,当考虑利润时,通常使用"百分比"这个词. 比如,一个商人在投资时获得了百分之二十的利润,这表示他得到的利润是所花成本的百分之二十(即每花费 100 卢布就得到 20 卢布的利润,或每花费 100 戈比就得到 20 戈比的利润). 百分比用符号"%"表示,例如,百分之五表示为 5%.

又比如,当一个人向另一个人借钱时,债务人需要向出借人支付一定的年利息. 例如,某人以每年 7% 的利率借款 500 卢布. 这表示债务人承诺:第一,在约定的期限内支付本金 500 卢布;第二,每年债务人需向出借人支付本金的百分之七作为利息,直至还款终止、通过计算,一年的利息是 35 卢布.

此外,出借人也称债权人,本金也称初始资金,所有本金的收益称为利息;初始资金加利息称为本利和. 比如,初始资金是 200 卢布,利率为 5%,则一年的利息为 10 卢布,本利和为 210 卢布.

§233 在其他条件相同的情况下,利息与时间和本金成正比

例如,本金 100 卢布,利率 5%,1 年的利息为 5 卢布,2 年利息为 10 卢布,3 年利息为 15 卢布等. 也就是说,在本金不变的情况下,利息与时间成正比. 本金 100 卢布,利率 5%,1 年的利息为 5 卢布;本金 200 卢布时,1 年的利息为 10 卢布;本金是 300 卢布时,1 年的利息为 15 卢布;等等. 也就是说,在时间不变的情况下,利息与本金成正比. 但需要注意,本利和与时间并不成正比. 例如,本金 100 卢布,利率 5%,1 年后本利和为 105 卢布,2 年后为 110 卢布,而不是 210 卢布.

§234 与本金相关的各种问题

利息问题一般与以下四个量相关:初始资金、利息、利率、时间. 以下给出具体问题进行分析.

问题 1:初始资金 7285 卢布,利率 8%,求 $3\frac{1}{2}$ 年的利息.

一年的利息 $7285 \times \frac{8}{100} = \frac{7285 \times 8}{100}$,$3\frac{1}{2}$ 年的利息是 $\frac{7285 \times 8 \times 7}{100 \times 2} = 2039.8$ 卢布.

注意:(1)如果时间中含有月或日,需将其转化为以年为单位.

(2)如果要求本利和,首先计算利息,然后再加上初始资金.

问题 2:利率 $6\frac{3}{4}$%,6 年 8 个月的利息是 3330 卢布,求初始资金.

一年的利息是初始资金的百分之 $6\frac{3}{4}$，6 年 8 个月的利息是初始资金的

$\dfrac{27 \times 80}{4 \times 12 \times 100}$，化简得 $\dfrac{45}{100}$，即 6 年 8 个月的总利息是初始资金的百分之 45. 依据

题意，初始资金的百分之 45 等于 3330 卢布，所以初始资金等于 $3330 \div \dfrac{45}{100}$ =

$3330 \times \dfrac{100}{45} = 7400$ 卢布.

问题 3：利率 5% ，6 年后本利和是 455 卢布，求初始资金.

此问题中的本利和是初始资金和利息的总和，也就是 6 年的利息包含在 455 卢

布里，6 年的利息是 $\dfrac{5}{100} \times 6$ 再乘以初始资金，即 $\dfrac{3}{10}$ 乘以初始资金，再加上初始资金一

共是 455 卢布，因此，初始资金为 $455 \div \left(1 + \dfrac{3}{10}\right) = 455 \div \dfrac{13}{10} = \dfrac{4550}{13} = 350$ 卢布.

问题 4：初始资金 15108 卢布，2 年 8 个月的利息是 2417 卢布，求利率.

要求利率，即求出每 100 戈比或 1 卢布一年得到多少利息. 由于 15108 卢布

在 2 年 8 个月（32 个月）的利息是 2417 卢布，则 12 个月（1 年）的利息为

$\dfrac{2417 \times 12}{32}$，利率为 $\dfrac{2417 \times 12}{15108 \times 32} \approx 0.06$，即 1 卢布的年收益为 6 戈比，即利率为 6%.

问题 5：利率是 7% ，初始资金是 2485 卢布，则多长时间利息为 139 卢布 16

戈比？

由于一年的利息是 $2485 \times \dfrac{7}{100}$ 卢布，则所求时间是 $139.16 \div$

$\left(2485 \times \dfrac{7}{100}\right) = \dfrac{13916}{2485 \times 7} = \dfrac{4}{5}$ 年，即 288 天.

§235　单利和复利

利息（或称利息资金）分为单利或复利.

例如，将 100 卢布以 5% 的利率存入银行，如果一年后不提取 5 卢布作为利

息,其本金是 105 卢布. 可以规定,第二年的初始资金是 100 卢布加利息 5 卢布,也可以规定第二年的初始资金还是 100 卢布,也就是利息不计入初始资金. 若利息不仅按初始资金计算,而且还将前几年的利息加入到初始资金中,则称为复利;若利息只按初始资金计算,则称为单利.

§236 简单的利息问题可以用一般公式来解决

假设初始资金为 a 卢布,利率为 $p\%$,时间为 t 年,利息为 x 卢布,本利和 A 卢布. 即 $x = \dfrac{apt}{100}, A = a + x = a + \dfrac{apt}{100}$.

第 4 节　汇票中的会计问题

§237 汇票

当一个人向另一个人借钱并支付利息时,债务人通常向债权人做出书面承诺,承诺将在某一日期前支付所借贷的金额和应付的利息,这种写在加盖公章的纸上并做出符合相关规定的承诺,称为汇票.

例如,债务人以 10% 的利率向债权人借贷 1000 卢布,借期 1 年,借贷起始时间是 1908 年 1 月 1 日,1000 卢布在一年后就变为 1100 卢布.

汇票往往不写实际借入的金额,也不写借贷的利息,而是写要支付的金额,以及支付的期限. 汇票中记录的金额称为汇票货币,汇票货币是指借入的资本加上借贷期间的应付利息. 持有汇票的债权人不能要求债务人在汇票规定的到期日之前支付汇票,然而债权人往往希望在到期日之前债务人能够支付汇票.

例如,假设债务人要在 1100 卢布汇票的到期日的半年前支付汇票,此时不需要支付 1100 卢布. 在这种情况下,债权人和债务人之间会达成协议. 比如,债权人和债务人之间达成了一项协议,债务人在到期日之前支付汇票,有权扣留

8% 利息. 这意味着, 如果他提前一年支付汇票, 他可以扣留 $\frac{8}{100}$ 利息, 即 8 戈比; 如果他在到期日前半年支付汇票, 他能扣留 4 戈比; 如果他在到期日的前一个月支付, 他能扣留 $\frac{8}{12}$ 戈比, 即 $\frac{2}{3}$ 戈比.

当汇票在到期日之前支付时, 所扣留的金额称为汇票的贴现, 因此在某一时间内对利息进行核算, 就是对汇票的贴现. 当债权人将债务人的汇票转给第三方或银行时, 也需要贴现.

§238 不同的票据贴现问题

和利息问题一样, 票据贴现问题也分为以下四个方面: 在汇票上支付的金额、汇票初始金额、利率、汇票到期前剩余的时间.

由于票据贴现是在票据到期前的所有剩余时间内, 按约定的年利率支付利息, 下面给出一些具体问题进行分析.

§239 利息问题

问题 1: 一个人借了 5600 卢布, 利率是 6%, 若提前 5 个月支付, 则需要支付多少利息?

这个人需支付 $\frac{5600 \times 6 \times 5}{100 \times 12} = 140$ 卢布的利息.

注意: 如果时间是具体天数的话, 360 天为一年, 30 天为一月.

问题 2: 在到期日的两年前卖出一张汇票, 价格是 148 卢布, 利率是 8%, 则汇票初始资金是多少?

这个问题实质是确定初始资金, 即初始资金加上 2 年的利息是 148 卢布.

问题 3: 初始资金是 777 卢布, 借贷两年, 利率是 8%, 则需还款多少卢布?

这个问题与利息问题一样, 777 卢布两年的利息为 $777 \times 8\% \times 2 = 124.32$

卢布,再加上初始资金 777 卢布,一共需要还款 901.32 卢布.

§240　数学会计

前面所述的会计称为商业会计,有一种特殊的会计称为数学会计,为了理解它们之间的区别,举个例子.

例如,一张提前 10 个月支付 800 卢布的汇票的利率是 6%,则 10 个月利息是多少?其利息不是 800 乘以 6%,而是 800 乘以 5%,现在一张 800 卢布的汇票需要支付的金额比原来增加了 5%,在这种意义上理解的会计称为数学会计.

汇票的会计问题可用以下一般公式来解决. 设 A 是汇票金额,q 是核算时的年利率,t 是时间(单位可以是年、月或日),x 是利息,若时间以年为单位,则年利率为 q;若时间以月为单位,则月利率为 $\dfrac{q}{12}$;若时间以日为单位,则日利率为 $\dfrac{q}{360}$. 在商业会计中,$x = \dfrac{Aq}{100}$,$a = A - \dfrac{Aq}{100}$;在数学会计中,$x = \dfrac{Aq}{100 + q}$,$a = A - \dfrac{Aq}{100 + q}$.

§241　有时需要解决的问题

用一个条款取代几个条款;用几个条款取代一个条款;用几个条款取代几个条款.

由于债权人和债务人利益都不应该受到影响,因此可以根据以下两个原则来解决此类问题.

(1)如果增加资本并减少与之对应的借贷时间,利息不会改变,反之亦然.例如,8 个月 1000 卢布的利息与 4 个月 2000 卢布的利息,或 16 个月内 500 卢布的利息是一样的.商业会计也如此,比如 9 个月 250 卢布的利息与 45 个月 50 卢布的利息一样.

（2）不同时间的几个相同资金的利息之和,等于将其时间加和后的资金的利息. 例如,8 个月 50 卢布的利息与 10 个月 50 卢布的利息加在一起,等于 18 个月 50 卢布的利息.

§242　一些具体问题

问题 4:一个人欠三张汇票,分别为 5 个月 4200 卢布,7 个月 3500 卢布,9 个月 2000 卢布,他想用一张金额为 9700 卢布(4200 + 3500 + 2000)的汇票来取代这三张汇票,他应该怎样书写汇票的时间?

很明显,债务人必须用一张有效价值等于这三张汇票有效价值之和的汇票. 为方便计算,我们将把三张汇票都转化为金额为 100 卢布的汇票,即 5 个月 4200 卢布的汇票转化为 210 个月 100 卢布的汇票,同样地,7 个月 3500 卢布的汇票转化为 245 个月 100 卢布的汇票,9 个月 2000 卢布的汇票转化为 180 个月 100 卢布的汇票. 所以一共是 635 个月 100 卢布的汇票,再将其转化为金额是 9700 卢布的汇票,大约为 6 个月 16 日(或 17 日). 因此,一张 9700 卢布的汇票应该写为 6 个月 16 日(或 17 日).

问题 5:一个人需要在 9 个月内支付完 3000 卢布,首先他在前 2 个月内支付了 1500 卢布,然后又在 5 个月内支付了 1000 卢布,则他需要在多长时间之内支付剩余的 500 卢布?

9 个月 3000 卢布的利息等于 2 个月 1500 卢布的利息,5 个月 1000 卢布的利息与剩余 500 卢布的利息之和. 因为 2 个月 1500 卢布的利息和 6 个月 500 卢布的利息相同,5 个月 1000 卢布的利息和 10 个月 500 卢布的利息相同;而 9 个月 3000 卢布的利息和 54 个月 500 卢布的利息相同. 因此,剩余的 500 卢布需要在 54 − (6 + 10) = 38 个月内偿还即可.

第 5 节   链 式 规 则

§243   定义

问题:如果 18.36 德磅等于 $9\frac{9}{50}$ 公斤,18.75 公斤等于 $45\frac{3}{4}$ 俄磅,那么 100 德磅等于多少普特?

因为 18.36 德磅 $= 9\frac{9}{50}$ 公斤,可算出 100 德磅对应的公斤数,再利用 18.75 公斤 $= 45\frac{3}{4}$ 俄磅,将其 100 德磅的公斤数转化为俄磅即可.

此问题可以通过不同方式来解决,最简便的方法如下:因为 40 俄磅 $= 1$ 普特,则 1 俄磅 $= \frac{1}{40}$ 普特,所以 $45\frac{3}{4}$ 俄磅等于 $\dfrac{1 \times 45\frac{3}{4}}{40}$ 普特;因为 $45\frac{3}{4}$ 俄磅等于 18.75 公斤,所以 1 公斤 $= \dfrac{1 \times 45\frac{3}{4}}{40 \times 18.75}$ 普特,$9\frac{9}{50}$ 公斤 $= \dfrac{1 \times 45\frac{3}{4} \times 9\frac{9}{50}}{40 \times 18.75}$ 普特;因为 $9\frac{9}{50}$ 公斤等于 18.36 德磅,所以 1 德磅 $= \dfrac{1 \times 45\frac{3}{4} \times 9\frac{9}{50}}{40 \times 18.75 \times 18.36}$ 普特,则

$$100 \text{ 德磅} = \frac{1 \times 45\frac{3}{4} \times 9\frac{9}{50} \times 100}{40 \times 18.75 \times 18.36} \text{普特} = \frac{183 \times 459 \times 100 \times 100 \times 100}{4 \times 40 \times 50 \times 1875 \times 1836} = 3\frac{1}{50}$$

普特.

通过分析,将问题和问题的条件写成一长串等式时,行首的数应该等于行末的数,这样的规则称为链式规则,也称为翻译规则,将一个单位的数翻译成另一个单位的数.

第6节　比例问题

§244　将一个数按比例分成三个数

问题 1:将数 84 按 7∶5∶2 的比例分成三个数.

上述问题理解为将数 84 分成三个数,第一个数与第二个数的比为 7∶5,第二个数与第三个数的比为 5∶2. 如果用字母 x_1, x_2, x_3 来表示这三个数,即这三个数满足

$$x_1 : x_2 = 7 : 5 \qquad ①$$

$$x_2 : x_3 = 5 : 2 \qquad ②$$

如果将这个数分成 7 + 5 + 2 份,即 14 份,第一个数占 7 份,第二个数占 5 份,第三个数占 2 份,由于总和 $x_1 + x_2 + x_3 = 84$,因此 1 份是 84∶14 = 6,所以 $x_1 = 6 \times 7 = 42, x_2 = 6 \times 5 = 30, x_3 = 6 \times 2 = 12$.

注意:通过比例 ① 和 ② 也能得出第三个比例,即

$$x_1 : x_3 = 7 : 2 \qquad ③$$

上述三个比例也可以简写为 $x_1 : x_2 : x_3 = 7 : 5 : 2$.

规则:将一个数按照一定的比例分成几部分,只需先将这个数除以份数的总和,得到一份的数,再乘以其对应份数即可.

§245　将一个数按比例分成四个数

问题 2:将数 968 按 $1\frac{1}{2} : \frac{3}{4} : \frac{2}{5} : \frac{3}{8}$ 的比例分成四个数.

首先,用整数来代替所给分数的比,要做到这一点,要把所有的分数的分母统一,同时将带分数转化为假分数,即 $1\frac{1}{2} : \frac{3}{4} : \frac{2}{5} : \frac{3}{8} = \frac{60}{40} : \frac{30}{40} : \frac{16}{40} : \frac{15}{40}$. 然

后省略分母,得到整数,即 $\frac{60}{40}:\frac{30}{40}:\frac{16}{40}:\frac{15}{40}=60:30:16:15$.

现在问题转化为将数 968 分成 4 份,比例为 60:30:16:15,转化为问题 1.

§246 将一个数按比例分成若干份

下面给出一些实际问题.

问题 3:三个商人因贸易业务建立了合作伙伴关系,第一个商人投资 15000 卢布,第二个商人投资 10000 卢布,第三个商人投资 12500 卢布,业务结束后,他们共获得 7500 卢布的利润,求每个商人分得多少利润?

由于投资的每卢布所获得的利润相等,所以每个商人得到的利润和他的投资成正比,因此,问题简化为按照 15000:10000:12500 的比例将 7500 分成三部分.

由于 15000,10000,12500 三个数的最大公因数是 2500,所以将这三个数都除以 2500,不会改变其比例关系,即 6:4:5,此时问题转化为将 7500 分成三部分,比例为 6:4:5,所以 $x_1=\frac{7500}{15}\times6=3000,x_2=\frac{7500}{15}\times4=2000,x_3=\frac{7500}{15}\times5=2500$.

§247 工资问题

问题 4:三组工人在铁路工作,第一组有 27 名工人,第二组有 32 名工人,第三组有 15 名工人;第一组工作 20 天,第二组工作 18 天,第三组工作 16 天. 工作结束后三组共得到 4068 卢布的工资,则每名工人的工资是多少?

若每组的工作时间相同,则每组的工资与工人的数量成正比,因此,改变已知条件,使每组的工作时间相同.

例如,假设每组工人都工作一天,每组分得的工资会减少,为保持工资不变,使每组工人数量扩大到天数减少的倍数,因此,要想使第一组在 1 天内获得与 20 天相同的工资,则需要 27 × 20 名工人;同样,第二组需要 32 × 16 名工人,才能在 1 天内获得与 18 天相同的工资;第三组需要 15 × 16 名工人,才能在 1 天内获得与 16 天相同的工资. 现在三组的工人数量比是(27×20)∶(32×18)∶(15×16). 接着将 4068 卢布按工人的数量分给工人,同时将人数的比进行化简,得到 45∶48∶20,然后按比例将工资分给每名工人.

与其减少到工作 1 天,不如减少到只有 1 名工人工作,即如果每组只有 1 名工人,这个工人要工作多少天才能得到同样的报酬?显然,第一组需要工作 20 × 27 天,第二组需要工作 18 × 32 天,第三组需要工作 16 × 15 天. 那么,4068 卢布要按照天数的比例进行划分即可.

§248　比例问题

问题 5:将数 a 按比例 $m∶n∶p$ 的反比分成 3 部分.

上述问题可以这样理解,将 a 分为 3 部分,第 1 个数和第 2 个数的比不是 $m∶n$,而是 $n∶m$,第 2 个数和第 3 个数的比不是 $n∶p$,而是 $p∶n$. 将这三个数设为 x_1, x_2 和 x_3,即 $x_1∶x_2 = n∶m, x_2∶x_3 = p∶n$.

由于 $n∶m$ 与 $\frac{1}{m}∶\frac{1}{n}$ 的比相等,同样 $p∶n$ 与 $\frac{1}{n}∶\frac{1}{p}$ 的比相等,即 $x_1∶x_2 = \frac{1}{m}∶\frac{1}{n}, x_2∶x_3 = \frac{1}{n}∶\frac{1}{p}$,所以 $x_1∶x_2∶x_3 = \frac{1}{m}∶\frac{1}{n}∶\frac{1}{p}$,则转化为问题 1 得以解决.

类似的问题如下:将 10150 卢布的本金分成 3 部分,每一部分本金的年增长率分别为 5%,6% 和 $6\frac{1}{2}\%$,如果每部分年增长的部分相同,那么各部分是多少?

很明显,这三部分的比例与年增长率的比例成反比,因此,10150 卢布应该

按照 $\dfrac{1}{5}:\dfrac{1}{6}:\dfrac{2}{13}$ 的比例分成三部分,将这三个分数的分母统一,然后只看其分子的比例即可,即 $78:65:60$,按照这个比例划分 10150 卢布即可.

§249 用比例解题

问题6:将数125分成4个数,使得第1个数和第2个数的比是 $2:3$,第2个数和第3个数的比是 $3:5$,第3个数和第4个数的比是 $5:6$,则这4个数分别是多少?

问题7:将数125分成4个数,使得第1个数和第2个数的比是 $2:3$,第2个数和第3个数的比是 $4:5$,第3个数和第4个数的比是 $6:11$,则这4个数分别是多少?

154 在上述两个问题中,都给出每两个数之间的比例关系,然而,这两个问题存在显著的区别.第一个问题的比例关系分别是 $2:3,3:5$ 和 $5:6$,第一个比例的后项是第二个比例的前项,第二个比例的后项是第三个比例的前项.因此,在第一个问题中,将125按照 $2:3:5:6$ 的比例分成4份,这个问题就转化成了问题1.

在第二个问题中,每两个数之间的比例关系分别是 $2:3,4:5$ 和 $6:11$,前一比例的后项不等于后一比例的前项,这种情况也可以转化为第一种情况,以下给出两种方法.

方法一:用字母 x_1,x_2,x_3 和 x_4 来表示这4个数,上述比例关系可以写为 $x_1:x_2=2:3;x_2:x_3=4:5;x_3:x_4=6:11$.

第一个比例 $x_1:x_2=2:3$ 保持不变;将第二个比例的前项4转化为3,需要乘以 $\dfrac{3}{4}$,则后项5转化为 $5\times\dfrac{3}{4}=\dfrac{15}{4}$,第二个比例转化 $3:\dfrac{15}{4}$;同样,将第三个比例的前项6转化为 $\dfrac{15}{4}$,需要将6乘以 $\dfrac{5}{8}$,则后项转化为 $11\times\dfrac{5}{8}=\dfrac{55}{8}$.因此上述比

例转化为 $2：3：\dfrac{15}{4}：\dfrac{55}{8}$，即 $16：24：30：55$，则此时这个问题转化为问题1.

方法二：将三个比例进行转化，$x_1：x_2 = 2：3 = 48：72；x_2：x_3 = 4：5 = 72：90；x_3：x_4 = 6：11 = 90：165$，所以 $x_1：x_2：x_3：x_4 = 48：72：90：165 = 16：24：30：55$.

为使第一个比例的后项与第二个比例的前项相等，则第一个比例的前、后项同时乘以4，第二个比例的前、后项同时乘以3；为使第二个比例的后项等于第三个比例的前项，需要将第二个比例的前、后项乘以6，第三个比例的前、后项乘以15，同时将第一个比例的前、后项都乘以6，则得到这四个数的比例关系 $48：72：90：165$，即 $16：24：30：55$，此时这个问题转化为问题1.

注意：如果给定比例是用小数或分数来表示的，要将其转化为整数之间的比例，对于解决问题是有帮助的.

第7节　混合和合金问题

§250　第一类混合问题

问题1：三个品种的面粉混合在一起，其质量和价格分别是15磅，每磅8戈比；20磅，每磅7戈比；25磅，每磅4戈比，则混合后的面粉一磅的价格是多少？

上述问题，首先求整个混合面粉有多少磅，然后再求一磅混合面粉的价格是多少. 混合面粉一共是 $15 + 20 + 25 = 60$ 磅，混合面粉的价格一共是 $(8 \times 15) + (7 \times 20) + (4 \times 25) = 360$ 戈比，因此一磅混合面粉价格是 $360：60 = 6$ 戈比.

此类问题是给出每一种混合物的价格和数量，需要求出混合物的总数量和总价格，然后求出其单价，这类问题称为第一类混合问题.

§251 第二类混合问题

问题2:将一、二级两种茶叶混合,一共32磅,其中一磅一级茶叶的价格是3卢布,一磅二级茶叶的价格是2卢布40戈比,如果一磅混合茶叶的价格为2卢布85戈比,那么这两种茶叶各占多少?

方法一:如果以2卢布85戈比的价格出售一级茶叶,每磅将亏损15戈比;如果出售二级茶叶,每磅将盈利45戈比.若一磅一级茶叶的亏损正好等于一磅二级茶叶的盈利,则将一级茶叶和二级茶叶等量拿出,就能用盈利弥补亏损.但在上述问题中,一磅一级茶叶的亏损小于一磅二级茶叶的盈利,则一级茶叶要比二级茶叶多,这意味要将32磅分成两部分,按照比例45:15,即3:1. 用x_1表示一级茶叶的数量,用x_2表示二级茶叶的数量,根据比例得到$x_1 = \dfrac{32}{3+1} \times$

$3 = 8 \times 3 = 24$磅,$x_2 = \dfrac{32}{3+1} \times 1 = 8$磅.

因此,要使两个品种混合后没有亏损,则两个品种的数量与每个品种盈利或亏损的价格成反比.

方法二:假设从两个品种的茶叶各拿出32磅,首先从一级茶叶中拿出32磅,这种情况下茶叶的单价要比2卢布85戈比要贵,一磅一级茶叶比混合茶叶贵15戈比,则32磅的一级茶叶比混合茶叶贵15×32戈比,即480戈比;如果从二级茶叶中拿出32磅,这种情况下茶叶的单价比一级茶叶的单价便宜60戈比(3卢布 - 2卢布40戈比 = 60戈比),所以要使茶叶价格减少480戈比,就需要用二级茶叶代替一级茶叶,由于480戈比是60戈比的8倍(480:60 = 8),所以用8磅二级茶叶代替一级茶叶,此时一级茶叶还剩32 - 8磅,即24磅.因此,混合茶叶中有24磅一级茶叶,8磅二级茶叶.

给出每种物品的单价、混合后的单价以及混合物的数量,要求出混合物中每种物品的数量,这类问题称为第二类混合问题.

注意:只有混合后的单价介于两个被混合物的单价之间,这种计算方式才成立,比如上述问题混合后的茶叶价格不能是 3 卢布.

§252　不能解决的混合问题

如果第二类混合问题给出了两种以上的物品进行混合,问题就会变得不确定,会有无数种可能答案.

例如,一桶一级酒 6 卢布,一桶二级酒 5 卢布,一桶三级酒 4 卢布 80 戈比,将这三个级别的酒进行混合,得到 40 桶,每桶的价格为 5 卢布 50 戈比,求这三个级别的酒各占多少?

由于一桶混合酒的价格介于一桶一级酒价格和一桶二级酒的价格之间,也介于一桶一级酒和一桶三级酒价格之间,因此,可以将一级酒与二级酒或一级酒与三级酒混合. 假设 40 桶中的一部分是由一级酒和二级酒混合而成,另一部分是由二级酒和三级酒混合而成,再将这两种混合酒混合,将得到所需的混合酒,但由于将 40 桶分成两份有无数种方法,所以提出这样的问题是没有意义的.

§253　液体混合问题

"48 度酒"表示这种酒的每 100 份含有 48 份纯酒精,52 份纯水,因此度数表示纯酒精的体积百分比. 液体的混合问题,也可以分为两种类型,与上面的问题类似,下面给出一些具体问题.

问题 3:30 桶 48 度的一级葡萄酒与 24 桶 36 度的二级葡萄酒混合,则混合后的葡萄酒多少度?

将一桶葡萄酒分成 100 份,则一桶一级葡萄酒含 48 份纯酒精,则 30 桶一级葡萄酒含有 48×30 份,即 1440 份纯酒精;在 24 桶二级葡萄酒中,有 36×24 份,即 854 份纯酒精. 则混合葡萄酒中有 $1440 + 864$ 份,即 2304 份纯酒精,混合葡萄酒一共有 $30 + 24$ 桶,即 64 桶,则每桶含有 $2304 : 54 = 42$ 份纯酒精,即混合葡萄酒的度数为 42 度.

问题 4:两种葡萄酒分别是 48 度和 36 度,若想混合出 10 桶 45 度葡萄酒,则这两个品种各需多少桶?

由于 48 度的葡萄酒比 45 度高 3 度,36 度比 45 度低 9 度,那么需要 48 度的酒要比 36 度的酒数量多,则 10 桶酒应按照 9:3,即 3:1 的比例分成两部分,也就是说 48 度的酒需要 $\frac{10}{3+1} \times 3 = 7\frac{1}{2}$ 桶,36 度的酒需要 $\frac{10}{3+1} \times 1 = 2\frac{1}{2}$ 桶.

§254　金属合金问题

由于金和银柔软的特性,往往不以单质形式存在,而是与其他一些较硬的金属(最常见的是铜)进行合金. 比如,56 标准的黄金指的是纯黄金在整个合金中占 56%. 金属合金问题也可以分为两种,与上面的问题类似,下面给出一些具体问题.

问题 5:25 磅 84 标准的白银与 $12\frac{1}{2}$ 磅 72 标准的白银进行合金,将得到什么标准的合金?

一磅 84 标准的白银含有 0.84 磅纯白银,则 25 磅中有 0.84×25 磅,即 21 磅纯白银;同样,$12\frac{1}{2}$ 磅 72 标准的白银中有 $0.72 \times 12\frac{1}{2}$ 磅,即 9 磅纯白银. 因此,整个合金中纯白银有 $21 + 9 = 30$ 磅,两种白银中一共有 $25 + 12\frac{1}{2}$ 磅,即 $37\frac{1}{2}$ 磅,所以每磅白银中纯白银与合金的比例是 $30 : 37\frac{1}{2}$,即 0.8. 因此该合金的标准是 80.

问题 6:要得到 2 磅标准为 88.9 的合金,应该分别取多少 91 标准和 87.5 标准的黄金?

由于 91 标准的黄金比合金多 2.1,而 87.5 标准的黄金比合金少 1.4,因此,需要按照 1.4:2.1 的比例取两种黄金,即 $1.4 : 2.1 = 14 : 21 = 2 : 3$.

刘培杰数学工作室
已出版(即将出版)图书目录——初等数学

书　名	出版时间	定　价	编号
新编中学数学解题方法全书(高中版)上卷(第2版)	2018-08	58.00	951
新编中学数学解题方法全书(高中版)中卷(第2版)	2018-08	68.00	952
新编中学数学解题方法全书(高中版)下卷(一)(第2版)	2018-08	58.00	953
新编中学数学解题方法全书(高中版)下卷(二)(第2版)	2018-08	58.00	954
新编中学数学解题方法全书(高中版)下卷(三)(第2版)	2018-08	68.00	955
新编中学数学解题方法全书(初中版)上卷	2008-01	28.00	29
新编中学数学解题方法全书(初中版)中卷	2010-07	38.00	75
新编中学数学解题方法全书(高考复习卷)	2010-01	48.00	67
新编中学数学解题方法全书(高考真题卷)	2010-01	38.00	62
新编中学数学解题方法全书(高考精华卷)	2011-03	68.00	118
新编平面解析几何解题方法全书(专题讲座卷)	2010-01	18.00	61
新编中学数学解题方法全书(自主招生卷)	2013-08	88.00	261
数学奥林匹克与数学文化(第一辑)	2006-05	48.00	4
数学奥林匹克与数学文化(第二辑)(竞赛卷)	2008-01	48.00	19
数学奥林匹克与数学文化(第二辑)(文化卷)	2008-07	58.00	36'
数学奥林匹克与数学文化(第三辑)(竞赛卷)	2010-01	48.00	59
数学奥林匹克与数学文化(第四辑)(竞赛卷)	2011-08	58.00	87
数学奥林匹克与数学文化(第五辑)	2015-06	98.00	370
世界著名平面几何经典著作钩沉——几何作图专题卷(共3卷)	2022-01	198.00	1460
世界著名平面几何经典著作钩沉(民国平面几何老课本)	2011-03	38.00	113
世界著名平面几何经典著作钩沉(建国初期平面三角老课本)	2015-08	38.00	507
世界著名解析几何经典著作钩沉——平面解析几何卷	2014-01	38.00	264
世界著名数论经典著作钩沉(算术卷)	2012-01	28.00	125
世界著名数学经典著作钩沉——立体几何卷	2011-02	28.00	88
世界著名三角学经典著作钩沉(平面三角卷Ⅰ)	2010-06	28.00	69
世界著名三角学经典著作钩沉(平面三角卷Ⅱ)	2011-01	38.00	78
世界著名初等数论经典著作钩沉(理论和实用算术卷)	2011-07	38.00	126
世界著名几何经典著作钩沉(解析几何卷)	2022-10	68.00	1564
发展你的空间想象力(第3版)	2021-01	98.00	1464
空间想象力进阶	2019-05	68.00	1062
走向国际数学奥林匹克的平面几何试题诠释.第1卷	2019-07	88.00	1043
走向国际数学奥林匹克的平面几何试题诠释.第2卷	2019-09	78.00	1044
走向国际数学奥林匹克的平面几何试题诠释.第3卷	2019-03	78.00	1045
走向国际数学奥林匹克的平面几何试题诠释.第4卷	2019-09	98.00	1046
平面几何证明方法全书	2007-08	48.00	1
平面几何证明方法全书习题解答(第2版)	2006-12	18.00	10
平面几何天天练上卷·基础篇(直线型)	2013-01	58.00	208
平面几何天天练中卷·基础篇(涉及圆)	2013-01	28.00	234
平面几何天天练下卷·提高篇	2013-01	58.00	237
平面几何专题研究	2013-07	98.00	258
平面几何解题之道.第1卷	2022-05	38.00	1494
几何学习题集	2020-10	48.00	1217
通过解题学习代数几何	2021-04	88.00	1301
圆锥曲线的奥秘	2022-06	88.00	1541

刘培杰数学工作室
已出版(即将出版)图书目录——初等数学

书 名	出版时间	定 价	编号
最新世界各国数学奥林匹克中的平面几何试题	2007−09	38.00	14
数学竞赛平面几何典型题及新颖解	2010−07	48.00	74
初等数学复习及研究(平面几何)	2008−09	68.00	38
初等数学复习及研究(立体几何)	2010−06	38.00	71
初等数学复习及研究(平面几何)习题解答	2009−01	58.00	42
几何学教程(平面几何卷)	2011−03	68.00	90
几何学教程(立体几何卷)	2011−07	68.00	130
几何变换与几何证题	2010−06	88.00	70
计算方法与几何证题	2011−06	28.00	129
立体几何技巧与方法(第2版)	2022−10	168.00	1572
几何瑰宝——平面几何500名题暨1500条定理(上、下)	2021−07	168.00	1358
三角形的解法与应用	2012−07	18.00	183
近代的三角形几何学	2012−07	48.00	184
一般折线几何学	2015−08	48.00	503
三角形的五心	2009−06	28.00	51
三角形的六心及其应用	2015−10	68.00	542
三角形趣谈	2012−08	28.00	212
解三角形	2014−01	28.00	265
探秘三角形:一次数学旅行	2021−10	68.00	1387
三角学专门教程	2014−09	28.00	387
图天下几何新题试卷.初中(第2版)	2017−11	58.00	855
圆锥曲线习题集(上册)	2013−06	68.00	255
圆锥曲线习题集(中册)	2015−01	78.00	434
圆锥曲线习题集(下册·第1卷)	2016−10	78.00	683
圆锥曲线习题集(下册·第2卷)	2018−01	98.00	853
圆锥曲线习题集(下册·第3卷)	2019−10	128.00	1113
圆锥曲线的思想方法	2021−08	48.00	1379
圆锥曲线的八个主要问题	2021−10	48.00	1415
论九点圆	2015−05	88.00	645
近代欧氏几何学	2012−03	48.00	162
罗巴切夫斯基几何学及几何基础概要	2012−07	28.00	188
罗巴切夫斯基几何学初步	2015−06	28.00	474
用三角、解析几何、复数、向量计算解数学竞赛几何题	2015−03	48.00	455
用解析法研究圆锥曲线的几何理论	2022−05	48.00	1495
美国中学几何教程	2015−04	88.00	458
三线坐标与三角形特征点	2015−04	98.00	460
坐标几何学基础.第1卷,笛卡儿坐标	2021−08	48.00	1398
坐标几何学基础.第2卷,三线坐标	2021−09	28.00	1399
平面解析几何方法与研究(第1卷)	2015−05	28.00	471
平面解析几何方法与研究(第2卷)	2015−06	38.00	472
平面解析几何方法与研究(第3卷)	2015−07	28.00	473
解析几何研究	2015−01	38.00	425
解析几何学教程.上	2016−01	38.00	574
解析几何学教程.下	2016−01	38.00	575
几何学基础	2016−01	58.00	581
初等几何研究	2015−02	58.00	444
十九和二十世纪欧氏几何学中的片段	2017−01	58.00	696
平面几何中考.高考.奥数一本通	2017−07	28.00	820
几何学简史	2017−08	28.00	833
四面体	2018−01	48.00	880
平面几何证明方法思路	2018−12	68.00	913
折纸中的几何练习	2022−09	48.00	1559
中学新几何学(英文)	2022−10	98.00	1562
线性代数与几何	2023−04	68.00	1633
四面体几何学引论	2023−06	68.00	1648

刘培杰数学工作室
已出版(即将出版)图书目录——初等数学

书　　名	出版时间	定　价	编号
平面几何图形特性新析.上篇	2019—01	68.00	911
平面几何图形特性新析.下篇	2018—06	88.00	912
平面几何范例多解探究.上篇	2018—04	48.00	910
平面几何范例多解探究.下篇	2018—12	68.00	914
从分析解题过程学解题:竞赛中的几何问题研究	2018—07	68.00	946
从分析解题过程学解题:竞赛中的向量几何与不等式研究(全2册)	2019—06	138.00	1090
从分析解题过程学解题:竞赛中的不等式问题	2021—01	48.00	1249
二维、三维欧氏几何的对偶原理	2018—12	38.00	990
星形大观及闭折线论	2019—03	68.00	1020
立体几何的问题和方法	2019—11	58.00	1127
三角代换论	2021—05	58.00	1313
俄罗斯平面几何问题集	2009—08	88.00	55
俄罗斯立体几何问题集	2014—03	58.00	283
俄罗斯几何大师——沙雷金论数学及其他	2014—01	48.00	271
来自俄罗斯的5000道几何习题及解答	2011—03	58.00	89
俄罗斯初等数学问题集	2012—05	38.00	177
俄罗斯函数问题集	2011—03	38.00	103
俄罗斯组合分析问题集	2011—01	48.00	79
俄罗斯初等数学万题选——三角卷	2012—11	38.00	222
俄罗斯初等数学万题选——代数卷	2013—08	68.00	225
俄罗斯初等数学万题选——几何卷	2014—01	68.00	226
俄罗斯《量子》杂志数学征解问题100题选	2018—08	48.00	969
俄罗斯《量子》杂志数学征解问题又100题选	2018—08	48.00	970
俄罗斯《量子》杂志数学征解问题	2020—05	48.00	1138
463个俄罗斯几何老问题	2012—01	28.00	152
《量子》数学短文精粹	2018—09	38.00	972
用三角、解析几何等计算解来自俄罗斯的几何题	2019—11	88.00	1119
基谢廖夫平面几何	2022—01	48.00	1461
基谢廖夫立体几何	2023—04	48.00	1599
数学:代数、数学分析和几何(10—11年级)	2021—01	48.00	1250
直观几何学:5—6年级	2022—04	58.00	1508
几何学:第2卷.7—9年级	2023—08	68.00	1684
平面几何:9—11年级	2022—10	48.00	1571
立体几何.10—11年级	2022—01	58.00	1472
谈谈素数	2011—03	18.00	91
平方和	2011—03	18.00	92
整数论	2011—05	38.00	120
从整数谈起	2015—10	28.00	538
数与多项式	2016—01	38.00	558
谈谈不定方程	2011—05	28.00	119
质数漫谈	2022—07	68.00	1529
解析不等式新论	2009—06	68.00	48
建立不等式的方法	2011—03	98.00	104
数学奥林匹克不等式研究(第2版)	2020—07	68.00	1181
不等式研究(第三辑)	2023—08	198.00	1673
不等式的秘密(第一卷)(第2版)	2014—02	38.00	286
不等式的秘密(第二卷)	2014—01	38.00	268
初等不等式的证明方法	2010—06	38.00	123
初等不等式的证明方法(第二版)	2014—11	38.00	407
不等式·理论·方法(基础卷)	2015—07	38.00	496
不等式·理论·方法(经典不等式卷)	2015—07	38.00	497
不等式·理论·方法(特殊类型不等式卷)	2015—07	48.00	498
不等式探究	2016—03	38.00	582
不等式探秘	2017—01	88.00	689
四面体不等式	2017—01	68.00	715
数学奥林匹克中常见重要不等式	2017—09	38.00	845

刘培杰数学工作室
已出版(即将出版)图书目录——初等数学

书 名	出版时间	定价	编号
三正弦不等式	2018-09	98.00	974
函数方程与不等式:解法与稳定性结果	2019-04	68.00	1058
数学不等式.第1卷,对称多项式不等式	2022-05	78.00	1455
数学不等式.第2卷,对称有理式与对称无理式不等式	2022-05	88.00	1456
数学不等式.第3卷,循环不等式与非循环不等式	2022-05	88.00	1457
数学不等式.第4卷,Jensen不等式的扩展与加细	2022-05	88.00	1458
数学不等式.第5卷,创建不等式与解不等式的其他方法	2022-05	88.00	1459
不定方程及其应用.上	2018-12	58.00	992
不定方程及其应用.中	2019-01	78.00	993
不定方程及其应用.下	2019-02	98.00	994
Nesbitt不等式加强与研究	2022-06	128.00	1527
最值定理与分析不等式	2023-02	78.00	1567
一类积分不等式	2023-02	88.00	1579
邦费罗尼不等式及概率应用	2023-05	58.00	1637
同余理论	2012-05	38.00	163
[x]与{x}	2015-04	48.00	476
极值与最值.上卷	2015-06	28.00	486
极值与最值.中卷	2015-06	38.00	487
极值与最值.下卷	2015-06	28.00	488
整数的性质	2012-11	38.00	192
完全平方数及其应用	2015-08	78.00	506
多项式理论	2015-10	88.00	541
奇数、偶数、奇偶分析法	2018-01	98.00	876
历届美国中学生数学竞赛试题及解答(第一卷)1950-1954	2014-07	18.00	277
历届美国中学生数学竞赛试题及解答(第二卷)1955-1959	2014-04	18.00	278
历届美国中学生数学竞赛试题及解答(第三卷)1960-1964	2014-06	18.00	279
历届美国中学生数学竞赛试题及解答(第四卷)1965-1969	2014-04	28.00	280
历届美国中学生数学竞赛试题及解答(第五卷)1970-1972	2014-06	18.00	281
历届美国中学生数学竞赛试题及解答(第六卷)1973-1980	2017-07	18.00	768
历届美国中学生数学竞赛试题及解答(第七卷)1981-1986	2015-01	18.00	424
历届美国中学生数学竞赛试题及解答(第八卷)1987-1990	2017-05	18.00	769
历届国际数学奥林匹克试题集	2023-09	158.00	1701
历届中国数学奥林匹克试题集(第3版)	2021-10	58.00	1440
历届加拿大数学奥林匹克试题集	2012-08	38.00	215
历届美国数学奥林匹克试题集	2023-08	98.00	1681
历届波兰数学竞赛试题集.第1卷,1949~1963	2015-03	18.00	453
历届波兰数学竞赛试题集.第2卷,1964~1976	2015-03	18.00	454
历届巴尔干数学奥林匹克试题集	2015-05	38.00	466
保加利亚数学奥林匹克	2014-10	38.00	393
圣彼得堡数学奥林匹克试题集	2015-01	38.00	429
匈牙利奥林匹克数学竞赛题解.第1卷	2016-05	28.00	593
匈牙利奥林匹克数学竞赛题解.第2卷	2016-05	28.00	594
历届美国数学邀请赛试题集(第2版)	2017-10	78.00	851
普林斯顿大学数学竞赛	2016-06	38.00	669
亚太地区数学奥林匹克竞赛题	2015-07	18.00	492
日本历届(初级)广中杯数学竞赛试题及解答.第1卷(2000~2007)	2016-05	28.00	641
日本历届(初级)广中杯数学竞赛试题及解答.第2卷(2008~2015)	2016-05	38.00	642
越南数学奥林匹克题选:1962-2009	2021-07	48.00	1370
360个数学竞赛问题	2016-08	58.00	677
奥数最佳实战题.上卷	2017-06	38.00	760
奥数最佳实战题.下卷	2017-05	58.00	761
哈尔滨市早期中学数学竞赛试题汇编	2016-07	28.00	672
全国高中数学联赛试题及解答:1981-2019(第4版)	2020-07	138.00	1176
2024年全国高中数学联合竞赛模拟题集	2024-01	38.00	1702

刘培杰数学工作室
已出版(即将出版)图书目录——初等数学

书　名	出版时间	定　价	编号
20世纪50年代全国部分城市数学竞赛试题汇编	2017-07	28.00	797
国内外数学竞赛题及精解:2018~2019	2020-08	45.00	1192
国内外数学竞赛题及精解:2019~2020	2021-11	58.00	1439
许康华竞赛优学精选集.第一辑	2018-08	68.00	949
天问叶班数学问题征解100题.Ⅰ,2016-2018	2019-05	88.00	1075
天问叶班数学问题征解100题.Ⅱ,2017-2019	2020-07	98.00	1177
美国初中数学竞赛:AMC8准备(共6卷)	2019-07	138.00	1089
美国高中数学竞赛:AMC10准备(共6卷)	2019-08	158.00	1105
王连笑教你怎样学数学:高考选择题解题策略与客观题实用训练	2014-01	48.00	262
王连笑教你怎样学数学:高考数学高层次讲座	2015-02	48.00	432
高考数学的理论与实践	2009-08	38.00	53
高考数学核心题型解题方法与技巧	2010-01	28.00	86
高考思维新平台	2014-03	38.00	259
高考数学压轴题解题诀窍(上)(第2版)	2018-01	58.00	874
高考数学压轴题解题诀窍(下)(第2版)	2018-01	48.00	875
北京市五区文科数学三年高考模拟题详解:2013~2015	2015-08	48.00	500
北京市五区理科数学三年高考模拟题详解:2013~2015	2015-09	68.00	505
向量法巧解数学高考题	2009-08	28.00	54
高中数学课堂教学的实践与反思	2021-11	48.00	791
数学高考参考	2016-01	78.00	589
新课程标准高考数学解答题各种题型解法指导	2020-08	78.00	1196
全国及各省市高考数学试题审题要津与解法研究	2015-02	48.00	450
高中数学章节起始课的教学研究与案例设计	2019-05	28.00	1064
新课标高考数学——五年试题分章详解(2007~2011)(上、下)	2011-10	78.00	140,141
全国中考数学压轴题审题要津与解法研究	2013-04	78.00	248
新编全国及各省市中考数学压轴题审题要津与解法研究	2014-05	58.00	342
全国及各省市5年中考数学压轴题审题要津与解法研究(2015版)	2015-04	58.00	462
中考数学专题总复习	2007-04	28.00	6
中考数学较难题常考题型解题方法与技巧	2016-09	48.00	681
中考数学难题常考题型解题方法与技巧	2016-09	48.00	682
中考数学中档题常考题型解题方法与技巧	2017-08	68.00	835
中考数学选择填空压轴好题妙解365	2024-01	80.00	1698
中考数学:三类重点考题的解法例析与习题	2020-04	48.00	1140
中小学数学的历史文化	2019-11	48.00	1124
初中平面几何百题多思创新解	2020-01	58.00	1125
初中数学中考备考	2020-01	58.00	1126
高考数学之九章演义	2019-08	68.00	1044
高考数学之难题谈笑间	2022-06	68.00	1519
化学可以这样学:高中化学知识方法智慧感悟疑难辨析	2019-07	58.00	1103
如何成为学习高手	2019-09	58.00	1107
高考数学:经典真题分类解析	2020-04	78.00	1134
高考数学解答题破解策略	2020-11	58.00	1221
从分析解题过程学解题:高考压轴题与竞赛题之关系探究	2020-08	88.00	1179
教学新思考:单元整体视角下的初中数学教学设计	2021-03	58.00	1278
思维再拓展:2020年经典几何题的多解探究与思考	即将出版		1279
中考数学小压轴汇编初讲	2017-07	48.00	788
中考数学大压轴专题微言	2017-09	48.00	846
怎么解中考平面几何探索题	2019-06	48.00	1093
北京中考数学压轴题解题方法突破(第9版)	2024-01	78.00	1645
助你高考成功的数学解题智慧:知识是智慧的基础	2016-01	58.00	596
助你高考成功的数学解题智慧:错误是智慧的试金石	2016-04	58.00	643
助你高考成功的数学解题智慧:方法是智慧的推手	2016-04	68.00	657
高考数学奇思妙解	2016-04	38.00	610
高考数学解题策略	2016-05	48.00	670
数学解题泄天机(第2版)	2017-10	48.00	850

刘培杰数学工作室
已出版(即将出版)图书目录——初等数学

书 名	出版时间	定 价	编号
高中物理教学讲义	2018—01	48.00	871
高中物理教学讲义:全模块	2022—03	98.00	1492
高中物理答疑解惑65篇	2021—11	48.00	1462
中学物理基础问题解析	2020—08	48.00	1183
初中数学、高中数学脱节知识补缺教材	2017—06	48.00	766
高考数学客观题解题方法和技巧	2017—10	38.00	847
十年高考数学精品试题审题要津与解法研究	2021—10	98.00	1427
中国历届高考数学试题及解答.1949—1979	2018—01	38.00	877
历届中国高考数学试题及解答.第二卷,1980—1989	2018—10	28.00	975
历届中国高考数学试题及解答.第三卷,1990—1999	2018—10	48.00	976
跟我学解高中数学题	2018—07	58.00	926
中学数学研究的方法及案例	2018—05	58.00	869
高考数学抢分技能	2018—07	68.00	934
高一新生常用数学方法和重要数学思想提升教材	2018—06	38.00	921
高考数学全国卷六道解答题常考题型解题诀窍:理科(全2册)	2019—07	78.00	1101
高考数学全国卷16道选择、填空题常考题型解题诀窍.理科	2018—09	88.00	971
高考数学全国卷16道选择、填空题常考题型解题诀窍.文科	2020—01	88.00	1123
高中数学一题多解	2019—06	58.00	1087
历届中国高考数学试题及解答:1917—1999	2021—08	98.00	1371
2000~2003年全国及各省市高考数学试题及解答	2022—05	88.00	1499
2004年全国及各省市高考数学试题及解答	2023—08	78.00	1500
2005年全国及各省市高考数学试题及解答	2023—08	78.00	1501
2006年全国及各省市高考数学试题及解答	2023—08	88.00	1502
2007年全国及各省市高考数学试题及解答	2023—08	98.00	1503
2008年全国及各省市高考数学试题及解答	2023—08	88.00	1504
2009年全国及各省市高考数学试题及解答	2023—08	88.00	1505
2010年全国及各省市高考数学试题及解答	2023—08	98.00	1506
2011~2017年全国及各省市高考数学试题及解答	2024—01	78.00	1507
2018~2023年全国及各省市高考数学试题及解答	2024—03	78.00	1709
突破高原:高中数学解题思维探究	2021—08	48.00	1375
高考数学中的"取值范围"	2021—10	48.00	1429
新课程标准高中数学各种题型解法大全.必修一分册	2021—06	58.00	1315
新课程标准高中数学各种题型解法大全.必修二分册	2022—01	68.00	1471
高中数学各种题型解法大全.选择性必修一分册	2022—06	68.00	1525
高中数学各种题型解法大全.选择性必修二分册	2023—01	58.00	1600
高中数学各种题型解法大全.选择性必修三分册	2023—04	48.00	1643
历届全国初中数学竞赛经典试题详解	2023—04	88.00	1624
孟祥礼高考数学精刷精解	2023—06	98.00	1663

书 名	出版时间	定 价	编号
新编640个世界著名数学智力趣题	2014—01	88.00	242
500个最新世界著名数学智力趣题	2008—06	48.00	3
400个最新世界著名数学最值问题	2008—09	48.00	36
500个世界著名数学征解问题	2009—06	48.00	52
400个中国最佳初等数学征解老问题	2010—01	48.00	60
500个俄罗斯数学经典老题	2011—01	28.00	81
1000个国外中学物理好题	2012—04	48.00	174
300个日本高考数学题	2012—05	38.00	142
700个早期日本高考数学试题	2017—02	88.00	752
500个前苏联早期高考数学试题及解答	2012—05	28.00	185
546个早期俄罗斯大学生数学竞赛题	2014—03	38.00	285
548个来自美苏的数学好问题	2014—11	28.00	396
20所苏联著名大学早期入学试题	2015—02	18.00	452
161道德国工科大学生必做的微分方程习题	2015—05	28.00	469
500个德国工科大学生必做的高数习题	2015—06	28.00	478
360个数学竞赛问题	2016—08	58.00	677
200个趣味数学故事	2018—02	48.00	857
470个数学奥林匹克中的最值问题	2018—10	88.00	985
德国讲义日本考题.微积分卷	2015—04	48.00	456
德国讲义日本考题.微分方程卷	2015—04	38.00	457
二十世纪中叶中、英、美、日、法、俄高考数学试题精选	2017—06	38.00	783

刘培杰数学工作室
已出版(即将出版)图书目录——初等数学

书　　名	出版时间	定　价	编号
中国初等数学研究　2009卷(第1辑)	2009－05	20.00	45
中国初等数学研究　2010卷(第2辑)	2010－05	30.00	68
中国初等数学研究　2011卷(第3辑)	2011－07	60.00	127
中国初等数学研究　2012卷(第4辑)	2012－07	48.00	190
中国初等数学研究　2014卷(第5辑)	2014－02	48.00	288
中国初等数学研究　2015卷(第6辑)	2015－06	68.00	493
中国初等数学研究　2016卷(第7辑)	2016－04	68.00	609
中国初等数学研究　2017卷(第8辑)	2017－01	98.00	712
初等数学研究在中国.第1辑	2019－03	158.00	1024
初等数学研究在中国.第2辑	2019－10	158.00	1116
初等数学研究在中国.第3辑	2021－05	158.00	1306
初等数学研究在中国.第4辑	2022－06	158.00	1520
初等数学研究在中国.第5辑	2023－07	158.00	1635
几何变换(Ⅰ)	2014－07	28.00	353
几何变换(Ⅱ)	2015－06	28.00	354
几何变换(Ⅲ)	2015－01	38.00	355
几何变换(Ⅳ)	2015－12	38.00	356
初等数论难题集(第一卷)	2009－05	68.00	44
初等数论难题集(第二卷)(上、下)	2011－02	128.00	82,83
数论概貌	2011－03	18.00	93
代数数论(第二版)	2013－08	58.00	94
代数多项式	2014－06	38.00	289
初等数论的知识与问题	2011－02	28.00	95
超越数论基础	2011－03	28.00	96
数论初等教程	2011－03	28.00	97
数论基础	2011－03	18.00	98
数论基础与维诺格拉多夫	2014－03	18.00	292
解析数论基础	2012－08	28.00	216
解析数论基础(第二版)	2014－01	48.00	287
解析数论问题集(第二版)(原版引进)	2014－05	88.00	343
解析数论问题集(第二版)(中译本)	2016－04	88.00	607
解析数论基础(潘承洞,潘承彪著)	2016－07	98.00	673
解析数论导引	2016－07	58.00	674
数论入门	2011－03	38.00	99
代数数论入门	2015－03	38.00	448
数论开篇	2012－07	28.00	194
解析数论引论	2011－03	48.00	100
Barban Davenport Halberstam 均值和	2009－01	40.00	33
基础数论	2011－03	28.00	101
初等数论100例	2011－05	18.00	122
初等数论经典例题	2012－07	18.00	204
最新世界各国数学奥林匹克中的初等数论试题(上、下)	2012－01	138.00	144,145
初等数论(Ⅰ)	2012－01	18.00	156
初等数论(Ⅱ)	2012－01	18.00	157
初等数论(Ⅲ)	2012－01	28.00	158

刘培杰数学工作室
已出版(即将出版)图书目录——初等数学

书　名	出版时间	定　价	编号
平面几何与数论中未解决的新老问题	2013—01	68.00	229
代数数论简史	2014—11	28.00	408
代数数论	2015—09	88.00	532
代数、数论及分析习题集	2016—11	98.00	695
数论导引提要及习题解答	2016—01	48.00	559
素数定理的初等证明.第2版	2016—09	48.00	686
数论中的模函数与狄利克雷级数(第二版)	2017—11	78.00	837
数论:数学导引	2018—01	68.00	849
范氏大代数	2019—02	98.00	1016
解析数学讲义.第一卷,导来式及微分、积分、级数	2019—04	88.00	1021
解析数学讲义.第二卷,关于几何的应用	2019—04	68.00	1022
解析数学讲义.第三卷,解析函数论	2019—04	78.00	1023
分析·组合·数论纵横谈	2019—04	58.00	1039
Hall代数:民国时期的中学数学课本:英文	2019—08	88.00	1106
基谢廖夫初等代数	2022—07	38.00	1531
数学精神巡礼	2019—01	58.00	731
数学眼光透视(第2版)	2017—06	78.00	732
数学思想领悟(第2版)	2018—01	68.00	733
数学方法溯源(第2版)	2018—08	68.00	734
数学解题引论	2017—05	58.00	735
数学史话览胜(第2版)	2017—01	48.00	736
数学应用展观(第2版)	2017—08	68.00	737
数学建模尝试	2018—04	48.00	738
数学竞赛采风	2018—01	68.00	739
数学测评探营	2019—05	58.00	740
数学技能操握	2018—03	48.00	741
数学欣赏拾趣	2018—02	48.00	742
从毕达哥拉斯到怀尔斯	2007—10	48.00	9
从迪利克雷到维斯卡尔迪	2008—01	48.00	21
从哥德巴赫到陈景润	2008—05	98.00	35
从庞加莱到佩雷尔曼	2011—08	138.00	136
博弈论精粹	2008—03	58.00	30
博弈论精粹.第二版(精装)	2015—01	88.00	461
数学 我爱你	2008—01	28.00	20
精神的圣徒　别样的人生——60位中国数学家成长的历程	2008—09	48.00	39
数学史概论	2009—06	78.00	50
数学史概论(精装)	2013—03	158.00	272
数学史选讲	2016—01	48.00	544
斐波那契数列	2010—02	28.00	65
数学拼盘和斐波那契魔方	2010—07	38.00	72
斐波那契数列欣赏(第2版)	2018—08	58.00	948
Fibonacci数列中的明珠	2018—06	58.00	928
数学的创造	2011—02	48.00	85
数学美与创造力	2016—01	48.00	595
数海拾贝	2016—01	48.00	590
数学中的美(第2版)	2019—04	68.00	1057
数论中的美学	2014—12	38.00	351

刘培杰数学工作室

已出版(即将出版)图书目录——初等数学

书　　名	出版时间	定　价	编号
数学王者　科学巨人——高斯	2015—01	28.00	428
振兴祖国数学的圆梦之旅:中国初等数学研究史话	2015—06	98.00	490
二十世纪中国数学史料研究	2015—10	48.00	536
数字谜、数阵图与棋盘覆盖	2016—01	58.00	298
数学概念的进化:一个初步的研究	2023—07	68.00	1683
数学发现的艺术:数学探索中的合情推理	2016—07	58.00	671
活跃在数学中的参数	2016—07	48.00	675
数海趣史	2021—05	98.00	1314
玩转幻中之幻	2023—08	88.00	1682
数学艺术品	2023—09	98.00	1685
数学博弈与游戏	2023—10	68.00	1692
数学解题——靠数学思想给力(上)	2011—07	38.00	131
数学解题——靠数学思想给力(中)	2011—07	48.00	132
数学解题——靠数学思想给力(下)	2011—07	38.00	133
我怎样解题	2013—01	48.00	227
数学解题中的物理方法	2011—06	28.00	114
数学解题的特殊方法	2011—06	48.00	115
中学数学计算技巧(第2版)	2020—10	48.00	1220
中学数学证明方法	2012—01	58.00	117
数学趣题巧解	2012—03	28.00	128
高中数学教学通鉴	2015—05	58.00	479
和高中生漫谈:数学与哲学的故事	2014—08	28.00	369
算术问题集	2017—03	38.00	789
张教授讲数学	2018—07	38.00	933
陈永明实话实说数学教学	2020—04	68.00	1132
中学数学学科知识与教学能力	2020—06	58.00	1155
怎样把课讲好:大罕数学教学随笔	2022—03	58.00	1484
中国高考评价体系下高考数学探秘	2022—03	48.00	1487
数苑漫步	2024—01	58.00	1670
自主招生考试中的参数方程问题	2015—01	28.00	435
自主招生考试中的极坐标问题	2015—04	28.00	463
近年全国重点大学自主招生数学试题全解及研究.华约卷	2015—02	38.00	441
近年全国重点大学自主招生数学试题全解及研究.北约卷	2016—05	38.00	619
自主招生数学解证宝典	2015—09	48.00	535
中国科学技术大学创新班数学真题解析	2022—03	48.00	1488
中国科学技术大学创新班物理真题解析	2022—03	58.00	1489
格点和面积	2012—07	18.00	191
射影几何趣谈	2012—04	28.00	175
斯潘纳尔引理——从一道加拿大数学奥林匹克试题谈起	2014—01	28.00	228
李普希兹条件——从几道近年高考数学试题谈起	2012—10	18.00	221
拉格朗日中值定理——从一道北京高考试题的解法谈起	2015—10	18.00	197
闵科夫斯基定理——从一道清华大学自主招生试题谈起	2014—01	28.00	198
哈尔测度——从一道冬令营试题的背景谈起	2012—08	28.00	202
切比雪夫逼近问题——从一道中国台北数学奥林匹克试题谈起	2013—04	38.00	238
伯恩斯坦多项式与贝齐尔曲面——从一道全国高中数学联赛试题谈起	2013—03	38.00	236
卡塔兰猜想——从一道普特南竞赛试题谈起	2013—06	18.00	256
麦卡锡函数和阿克曼函数——从一道前南斯拉夫数学奥林匹克试题谈起	2012—08	18.00	201
贝蒂定理与拉姆贝克莫斯尔定理——从一个拣石子游戏谈起	2012—08	18.00	217
皮亚诺曲线和豪斯道夫分球定理——从无限集谈起	2012—08	18.00	211
平面凸图形与凸多面体	2012—10	28.00	218
斯坦因豪斯问题——从一道二十五省市自治区中学数学竞赛试题谈起	2012—07	18.00	196

刘培杰数学工作室
已出版(即将出版)图书目录——初等数学

书 名	出版时间	定 价	编号
纽结理论中的亚历山大多项式与琼斯多项式——从一道北京市高一数学竞赛试题谈起	2012—07	28.00	195
原则与策略——从波利亚"解题表"谈起	2013—04	38.00	244
转化与化归——从三大尺规作图不能问题谈起	2012—08	28.00	214
代数几何中的贝祖定理(第一版)——从一道IMO试题的解法谈起	2013—08	18.00	193
成功连贯理论与约当块理论——从一道比利时数学竞赛试题谈起	2012—04	18.00	180
素数判定与大数分解	2014—08	18.00	199
置换多项式及其应用	2012—10	18.00	220
椭圆函数与模函数——从一道美国加州大学洛杉矶分校(UCLA)博士资格考题谈起	2012—10	28.00	219
差分方程的拉格朗日方法——从一道2011年全国高考理科试题的解法谈起	2012—08	28.00	200
力学在几何中的一些应用	2013—01	38.00	240
从根式解到伽罗华理论	2020—01	48.00	1121
康托洛维奇不等式——从一道全国高中联赛试题谈起	2013—03	28.00	337
西格尔引理——从一道第18届IMO试题的解法谈起	即将出版		
罗斯定理——从一道前苏联数学竞赛试题谈起	即将出版		
拉克斯定理和阿廷定理——从一道IMO试题的解法谈起	2014—01	58.00	246
毕卡大定理——从一道美国大学数学竞赛试题谈起	2014—07	18.00	350
贝齐尔曲线——从一道全国高中联赛试题谈起	即将出版		
拉格朗日乘子定理——从一道2005年全国高中联赛试题的高等数学解法谈起	2015—05	28.00	480
雅可比定理——从一道日本数学奥林匹克试题谈起	2013—04	48.00	249
李天岩－约克定理——从一道波兰数学竞赛试题谈起	2014—06	28.00	349
受控理论与初等不等式:从一道IMO试题的解法谈起	2023—03	48.00	1601
布劳维不动点定理——从一道前苏联数学奥林匹克试题谈起	2014—01	38.00	273
伯恩赛德定理——从一道英国数学奥林匹克试题谈起	即将出版		
布查特－莫斯特定理——从一道上海市初中竞赛试题谈起	即将出版		
数论中的同余数问题——从一道普特南竞赛试题谈起	即将出版		
范·德蒙行列式——从一道美国数学奥林匹克试题谈起	即将出版		
中国剩余定理:总数法构建中国历史年表	2015—01	28.00	430
牛顿程序与方程求根——从一道全国高考试题解法谈起	即将出版		
库默尔定理——从一道IMO预选试题谈起	即将出版		
卢丁定理——从一道冬令营试题的解法谈起	即将出版		
沃斯滕霍姆定理——从一道IMO预选试题谈起	即将出版		
卡尔松不等式——从一道莫斯科数学奥林匹克试题谈起	即将出版		
信息论中的香农熵——从一道近年高考压轴题谈起	即将出版		
约当不等式——从一道希望杯竞赛试题谈起	即将出版		
拉比诺维奇定理	即将出版		
刘维尔定理——从一道《美国数学月刊》征解问题的解法谈起	即将出版		
卡塔兰恒等式与级数求和——从一道IMO试题的解法谈起	即将出版		
勒让德猜想与素数分布——从一道爱尔兰竞赛试题谈起	即将出版		
天平称重与信息论——从一道基辅市数学奥林匹克试题谈起	即将出版		
哈密尔顿－凯莱定理:从一道高中数学联赛试题的解法谈起	2014—09	18.00	376
艾思特曼定理——从一道CMO试题的解法谈起	即将出版		

刘培杰数学工作室
已出版(即将出版)图书目录——初等数学

书　名	出版时间	定　价	编号
阿贝尔恒等式与经典不等式及应用	2018－06	98.00	923
迪利克雷除数问题	2018－07	48.00	930
幻方、幻立方与拉丁方	2019－08	48.00	1092
帕斯卡三角形	2014－03	18.00	294
蒲丰投针问题——从2009年清华大学的一道自主招生试题谈起	2014－01	38.00	295
斯图姆定理——从一道"华约"自主招生试题的解法谈起	2014－01	18.00	296
许瓦兹引理——从一道加利福尼亚大学伯克利分校数学系博士生试题谈起	2014－08	18.00	297
拉姆塞定理——从王诗宬院士的一个问题谈起	2016－04	48.00	299
坐标法	2013－12	28.00	332
数论三角形	2014－04	38.00	341
毕克定理	2014－07	18.00	352
数林掠影	2014－09	48.00	389
我们周围的概率	2014－10	38.00	390
凸函数最值定理:从一道华约自主招生题的解法谈起	2014－10	28.00	391
易学与数学奥林匹克	2014－10	38.00	392
生物数学趣谈	2015－01	18.00	409
反演	2015－01	28.00	420
因式分解与圆锥曲线	2015－01	18.00	426
轨迹	2015－01	28.00	427
面积原理:从一道庚哲命的一道CMO试题的积分解法谈起	2015－01	48.00	431
形形色色的不动点定理:从一道28届IMO试题谈起	2015－01	38.00	439
柯西函数方程:从一道上海交大自主招生的试题谈起	2015－02	28.00	440
三角恒等式	2015－02	28.00	442
无理性判定:从一道2014年"北约"自主招生试题谈起	2015－01	38.00	443
数学归纳法	2015－03	18.00	451
极端原理与解题	2015－04	28.00	464
法雷级数	2014－08	18.00	367
摆线族	2015－01	38.00	438
函数方程及其解法	2015－05	38.00	470
含参数的方程和不等式	2012－09	28.00	213
希尔伯特第十问题	2016－01	38.00	543
无穷小量的求和	2016－01	28.00	545
切比雪夫多项式:从一道清华大学金秋营试题谈起	2016－01	38.00	583
泽肯多夫定理	2016－03	38.00	599
代数等式证题法	2016－01	28.00	600
三角等式证题法	2016－01	28.00	601
吴大任教授藏书中的一个因式分解公式:从一道美国数学邀请赛试题的解法谈起	2016－06	28.00	656
易卦——类万物的数学模型	2017－08	68.00	838
"不可思议"的数与数系可持续发展	2018－01	38.00	878
最短线	2018－01	38.00	879
数学在天文、地理、光学、机械力学中的一些应用	2023－03	88.00	1576
从阿基米德三角形谈起	2023－01	28.00	1578
幻方和魔方(第一卷)	2012－05	68.00	173
尘封的经典——初等数学经典文献选读(第一卷)	2012－07	48.00	205
尘封的经典——初等数学经典文献选读(第二卷)	2012－07	38.00	206
初级方程式论	2011－03	28.00	106
初等数学研究(Ⅰ)	2008－09	68.00	37
初等数学研究(Ⅱ)(上、下)	2009－05	118.00	46,47
初等数学专题研究	2022－10	68.00	1568

刘培杰数学工作室
已出版(即将出版)图书目录——初等数学

书　名	出版时间	定价	编号
趣味初等方程妙题集锦	2014—09	48.00	388
趣味初等数论选美与欣赏	2015—02	48.00	445
耕读笔记(上卷)：一位农民数学爱好者的初数探索	2015—04	28.00	459
耕读笔记(中卷)：一位农民数学爱好者的初数探索	2015—05	28.00	483
耕读笔记(下卷)：一位农民数学爱好者的初数探索	2015—05	28.00	484
几何不等式研究与欣赏.上卷	2016—01	88.00	547
几何不等式研究与欣赏.下卷	2016—01	48.00	552
初等数列研究与欣赏·上	2016—01	48.00	570
初等数列研究与欣赏·下	2016—01	48.00	571
趣味初等函数研究与欣赏.上	2016—09	48.00	684
趣味初等函数研究与欣赏.下	2018—09	48.00	685
三角不等式研究与欣赏	2020—10	68.00	1197
新编平面解析几何解题方法研究与欣赏	2021—10	78.00	1426
火柴游戏(第2版)	2022—05	38.00	1493
智力解谜.第1卷	2017—07	38.00	613
智力解谜.第2卷	2017—07	38.00	614
故事智力	2016—07	48.00	615
名人们喜欢的智力问题	2020—01	48.00	616
数学大师的发现、创造与失误	2018—01	48.00	617
异曲同工	2018—09	48.00	618
数学的味道(第2版)	2023—10	68.00	1686
数学千字文	2018—10	68.00	977
数贝偶拾——高考数学题研究	2014—04	28.00	274
数贝偶拾——初等数学研究	2014—04	38.00	275
数贝偶拾——奥数题研究	2014—04	48.00	276
钱昌本教你快乐学数学(上)	2011—12	48.00	155
钱昌本教你快乐学数学(下)	2012—03	58.00	171
集合、函数与方程	2014—01	28.00	300
数列与不等式	2014—01	38.00	301
三角与平面向量	2014—01	28.00	302
平面解析几何	2014—01	38.00	303
立体几何与组合	2014—01	28.00	304
极限与导数、数学归纳法	2014—01	38.00	305
趣味数学	2014—03	28.00	306
教材教法	2014—04	68.00	307
自主招生	2014—05	58.00	308
高考压轴题(上)	2015—01	48.00	309
高考压轴题(下)	2014—10	68.00	310
从费马到怀尔斯——费马大定理的历史	2013—10	198.00	I
从庞加莱到佩雷尔曼——庞加莱猜想的历史	2013—10	298.00	II
从切比雪夫到爱尔特希(上)——素数定理的初等证明	2013—07	48.00	III
从切比雪夫到爱尔特希(下)——素数定理100年	2012—12	98.00	III
从高斯到盖尔方特——二次域的高斯猜想	2013—10	198.00	IV
从库默尔到朗兰兹——朗兰兹猜想的历史	2014—01	98.00	V
从比勃巴赫到德布朗斯——比勃巴赫猜想的历史	2014—02	298.00	VI
从麦比乌斯到陈省身——麦比乌斯变换与麦比乌斯带	2014—02	298.00	VII
从布尔到豪斯道夫——布尔方程与格论漫谈	2013—10	198.00	VIII
从开普勒到阿诺德——三体问题的历史	2014—05	298.00	IX
从华林到华罗庚——华林问题的历史	2013—10	298.00	X

刘培杰数学工作室
已出版(即将出版)图书目录——初等数学

书　名	出版时间	定　价	编号
美国高中数学竞赛五十讲.第 1 卷(英文)	2014—08	28.00	357
美国高中数学竞赛五十讲.第 2 卷(英文)	2014—08	28.00	358
美国高中数学竞赛五十讲.第 3 卷(英文)	2014—09	28.00	359
美国高中数学竞赛五十讲.第 4 卷(英文)	2014—09	28.00	360
美国高中数学竞赛五十讲.第 5 卷(英文)	2014—10	28.00	361
美国高中数学竞赛五十讲.第 6 卷(英文)	2014—11	28.00	362
美国高中数学竞赛五十讲.第 7 卷(英文)	2014—12	28.00	363
美国高中数学竞赛五十讲.第 8 卷(英文)	2015—01	28.00	364
美国高中数学竞赛五十讲.第 9 卷(英文)	2015—01	28.00	365
美国高中数学竞赛五十讲.第 10 卷(英文)	2015—02	38.00	366
三角函数(第 2 版)	2017—04	38.00	626
不等式	2014—01	38.00	312
数列	2014—01	38.00	313
方程(第 2 版)	2017—04	38.00	624
排列和组合	2014—01	28.00	315
极限与导数(第 2 版)	2016—04	38.00	635
向量(第 2 版)	2018—08	58.00	627
复数及其应用	2014—08	28.00	318
函数	2014—01	38.00	319
集合	2020—01	48.00	320
直线与平面	2014—01	28.00	321
立体几何(第 2 版)	2016—04	38.00	629
解三角形	即将出版		323
直线与圆(第 2 版)	2016—11	38.00	631
圆锥曲线(第 2 版)	2016—09	48.00	632
解题通法(一)	2014—07	38.00	326
解题通法(二)	2014—07	38.00	327
解题通法(三)	2014—05	38.00	328
概率与统计	2014—01	28.00	329
信息迁移与算法	即将出版		330
IMO 50 年.第 1 卷(1959—1963)	2014—11	28.00	377
IMO 50 年.第 2 卷(1964—1968)	2014—11	28.00	378
IMO 50 年.第 3 卷(1969—1973)	2014—09	28.00	379
IMO 50 年.第 4 卷(1974—1978)	2016—04	38.00	380
IMO 50 年.第 5 卷(1979—1984)	2015—04	38.00	381
IMO 50 年.第 6 卷(1985—1989)	2015—04	58.00	382
IMO 50 年.第 7 卷(1990—1994)	2016—01	48.00	383
IMO 50 年.第 8 卷(1995—1999)	2016—06	38.00	384
IMO 50 年.第 9 卷(2000—2004)	2015—04	58.00	385
IMO 50 年.第 10 卷(2005—2009)	2016—01	48.00	386
IMO 50 年.第 11 卷(2010—2015)	2017—03	48.00	646

刘培杰数学工作室
已出版(即将出版)图书目录——初等数学

书　名	出版时间	定　价	编号
数学反思(2006—2007)	2020—09	88.00	915
数学反思(2008—2009)	2019—01	68.00	917
数学反思(2010—2011)	2018—05	58.00	916
数学反思(2012—2013)	2019—01	58.00	918
数学反思(2014—2015)	2019—03	78.00	919
数学反思(2016—2017)	2021—03	58.00	1286
数学反思(2018—2019)	2023—01	88.00	1593
历届美国大学生数学竞赛试题集.第一卷(1938—1949)	2015—01	28.00	397
历届美国大学生数学竞赛试题集.第二卷(1950—1959)	2015—01	28.00	398
历届美国大学生数学竞赛试题集.第三卷(1960—1969)	2015—01	28.00	399
历届美国大学生数学竞赛试题集.第四卷(1970—1979)	2015—01	18.00	400
历届美国大学生数学竞赛试题集.第五卷(1980—1989)	2015—01	28.00	401
历届美国大学生数学竞赛试题集.第六卷(1990—1999)	2015—01	28.00	402
历届美国大学生数学竞赛试题集.第七卷(2000—2009)	2015—08	18.00	403
历届美国大学生数学竞赛试题集.第八卷(2010—2012)	2015—01	18.00	404
新课标高考数学创新题解题诀窍:总论	2014—09	28.00	372
新课标高考数学创新题解题诀窍:必修1~5分册	2014—08	38.00	373
新课标高考数学创新题解题诀窍:选修2—1,2—2,1—1,1—2分册	2014—09	38.00	374
新课标高考数学创新题解题诀窍:选修2—3,4—4,4—5分册	2014—09	18.00	375
全国重点大学自主招生英文数学试题全攻略:词汇卷	2015—07	48.00	410
全国重点大学自主招生英文数学试题全攻略:概念卷	2015—01	28.00	411
全国重点大学自主招生英文数学试题全攻略:文章选读卷(上)	2016—09	38.00	412
全国重点大学自主招生英文数学试题全攻略:文章选读卷(下)	2017—01	58.00	413
全国重点大学自主招生英文数学试题全攻略:试题卷	2015—07	38.00	414
全国重点大学自主招生英文数学试题全攻略:名著欣赏卷	2017—03	48.00	415
劳埃德数学趣题大全.题目卷.1:英文	2016—01	18.00	516
劳埃德数学趣题大全.题目卷.2:英文	2016—01	18.00	517
劳埃德数学趣题大全.题目卷.3:英文	2016—01	18.00	518
劳埃德数学趣题大全.题目卷.4:英文	2016—01	18.00	519
劳埃德数学趣题大全.题目卷.5:英文	2016—01	18.00	520
劳埃德数学趣题大全.答案卷:英文	2016—01	18.00	521
李成章教练奥数笔记.第1卷	2016—01	48.00	522
李成章教练奥数笔记.第2卷	2016—01	48.00	523
李成章教练奥数笔记.第3卷	2016—01	38.00	524
李成章教练奥数笔记.第4卷	2016—01	38.00	525
李成章教练奥数笔记.第5卷	2016—01	38.00	526
李成章教练奥数笔记.第6卷	2016—01	38.00	527
李成章教练奥数笔记.第7卷	2016—01	38.00	528
李成章教练奥数笔记.第8卷	2016—01	48.00	529
李成章教练奥数笔记.第9卷	2016—01	28.00	530

刘培杰数学工作室
已出版(即将出版)图书目录——初等数学

书　名	出版时间	定　价	编号
第19～23届"希望杯"全国数学邀请赛试题审题要津详细评注(初一版)	2014—03	28.00	333
第19～23届"希望杯"全国数学邀请赛试题审题要津详细评注(初二、初三版)	2014—03	38.00	334
第19～23届"希望杯"全国数学邀请赛试题审题要津详细评注(高一版)	2014—03	28.00	335
第19～23届"希望杯"全国数学邀请赛试题审题要津详细评注(高二版)	2014—03	38.00	336
第19～25届"希望杯"全国数学邀请赛试题审题要津详细评注(初一版)	2015—01	38.00	416
第19～25届"希望杯"全国数学邀请赛试题审题要津详细评注(初二、初三版)	2015—01	58.00	417
第19～25届"希望杯"全国数学邀请赛试题审题要津详细评注(高一版)	2015—01	48.00	418
第19～25届"希望杯"全国数学邀请赛试题审题要津详细评注(高二版)	2015—01	48.00	419
物理奥林匹克竞赛大题典——力学卷	2014—11	48.00	405
物理奥林匹克竞赛大题典——热学卷	2014—04	28.00	339
物理奥林匹克竞赛大题典——电磁学卷	2015—07	48.00	406
物理奥林匹克竞赛大题典——光学与近代物理卷	2014—06	28.00	345
历届中国东南地区数学奥林匹克试题集(2004～2012)	2014—06	18.00	346
历届中国西部地区数学奥林匹克试题集(2001～2012)	2014—07	18.00	347
历届中国女子数学奥林匹克试题集(2002～2012)	2014—08	18.00	348
数学奥林匹克在中国	2014—06	98.00	344
数学奥林匹克问题集	2014—01	38.00	267
数学奥林匹克不等式散论	2010—06	38.00	124
数学奥林匹克不等式欣赏	2011—09	38.00	138
数学奥林匹克超级题库(初中卷上)	2010—01	58.00	66
数学奥林匹克不等式证明方法和技巧(上、下)	2011—08	158.00	134,135
他们学什么:原民主德国中学数学课本	2016—09	38.00	658
他们学什么:英国中学数学课本	2016—09	38.00	659
他们学什么:法国中学数学课本.1	2016—09	38.00	660
他们学什么:法国中学数学课本.2	2016—09	28.00	661
他们学什么:法国中学数学课本.3	2016—09	38.00	662
他们学什么:苏联中学数学课本	2016—09	28.00	679
高中数学题典——集合与简易逻辑·函数	2016—07	48.00	647
高中数学题典——导数	2016—07	48.00	648
高中数学题典——三角函数·平面向量	2016—07	48.00	649
高中数学题典——数列	2016—07	58.00	650
高中数学题典——不等式·推理与证明	2016—07	38.00	651
高中数学题典——立体几何	2016—07	48.00	652
高中数学题典——平面解析几何	2016—07	78.00	653
高中数学题典——计数原理·统计·概率·复数	2016—07	48.00	654
高中数学题典——算法·平面几何·初等数论·组合数学·其他	2016—07	68.00	655

书 名	出版时间	定 价	编号
台湾地区奥林匹克数学竞赛试题.小学一年级	2017—03	38.00	722
台湾地区奥林匹克数学竞赛试题.小学二年级	2017—03	38.00	723
台湾地区奥林匹克数学竞赛试题.小学三年级	2017—03	38.00	724
台湾地区奥林匹克数学竞赛试题.小学四年级	2017—03	38.00	725
台湾地区奥林匹克数学竞赛试题.小学五年级	2017—03	38.00	726
台湾地区奥林匹克数学竞赛试题.小学六年级	2017—03	38.00	727
台湾地区奥林匹克数学竞赛试题.初中一年级	2017—03	38.00	728
台湾地区奥林匹克数学竞赛试题.初中二年级	2017—03	38.00	729
台湾地区奥林匹克数学竞赛试题.初中三年级	2017—03	28.00	730
不等式证题法	2017—04	28.00	747
平面几何培优教程	2019—08	88.00	748
奥数鼎级培优教程.高一分册	2018—09	88.00	749
奥数鼎级培优教程.高二分册.上	2018—04	68.00	750
奥数鼎级培优教程.高二分册.下	2018—04	68.00	751
高中数学竞赛冲刺宝典	2019—04	68.00	883
初中尖子生数学超级题典.实数	2017—07	58.00	792
初中尖子生数学超级题典.式、方程与不等式	2017—08	58.00	793
初中尖子生数学超级题典.圆、面积	2017—08	38.00	794
初中尖子生数学超级题典.函数、逻辑推理	2017—08	48.00	795
初中尖子生数学超级题典.角、线段、三角形与多边形	2017—07	58.00	796
数学王子——高斯	2018—01	48.00	858
坎坷奇星——阿贝尔	2018—01	48.00	859
闪烁奇星——伽罗瓦	2018—01	58.00	860
无穷统帅——康托尔	2018—01	48.00	861
科学公主——柯瓦列夫斯卡娅	2018—01	48.00	862
抽象代数之母——埃米·诺特	2018—01	48.00	863
电脑先驱——图灵	2018—01	58.00	864
昔日神童——维纳	2018—01	48.00	865
数坛怪侠——爱尔特希	2018—01	68.00	866
传奇数学家徐利治	2019—09	88.00	1110
当代世界中的数学.数学思想与数学基础	2019—01	38.00	892
当代世界中的数学.数学问题	2019—01	38.00	893
当代世界中的数学.应用数学与数学应用	2019—01	38.00	894
当代世界中的数学.数学王国的新疆域(一)	2019—01	38.00	895
当代世界中的数学.数学王国的新疆域(二)	2019—01	38.00	896
当代世界中的数学.数林撷英(一)	2019—01	38.00	897
当代世界中的数学.数林撷英(二)	2019—01	48.00	898
当代世界中的数学.数学之路	2019—01	38.00	899

刘培杰数学工作室
已出版（即将出版）图书目录——初等数学

书　名	出版时间	定　价	编号
105 个代数问题:来自 AwesomeMath 夏季课程	2019－02	58.00	956
106 个几何问题:来自 AwesomeMath 夏季课程	2020－07	58.00	957
107 个几何问题:来自 AwesomeMath 全年课程	2020－07	58.00	958
108 个代数问题:来自 AwesomeMath 全年课程	2019－01	68.00	959
109 个不等式:来自 AwesomeMath 夏季课程	2019－04	58.00	960
110 个几何问题:选自各国数学奥林匹克竞赛	2024－04	58.00	961
111 个代数和数论问题	2019－05	58.00	962
112 个组合问题:来自 AwesomeMath 夏季课程	2019－05	58.00	963
113 个几何不等式:来自 AwesomeMath 夏季课程	2020－08	58.00	964
114 个指数和对数问题:来自 AwesomeMath 夏季课程	2019－09	48.00	965
115 个三角问题:来自 AwesomeMath 夏季课程	2019－09	58.00	966
116 个代数不等式:来自 AwesomeMath 全年课程	2019－04	58.00	967
117 个多项式问题:来自 AwesomeMath 夏季课程	2021－09	58.00	1409
118 个数学竞赛不等式	2022－08	78.00	1526
紫色彗星国际数学竞赛试题	2019－02	58.00	999
数学竞赛中的数学:为数学爱好者、父母、教师和教练准备的丰富资源.第一部	2020－04	58.00	1141
数学竞赛中的数学:为数学爱好者、父母、教师和教练准备的丰富资源.第二部	2020－07	48.00	1142
和与积	2020－10	38.00	1219
数论:概念和问题	2020－12	68.00	1257
初等数学问题研究	2021－03	48.00	1270
数学奥林匹克中的欧几里得几何	2021－10	68.00	1413
数学奥林匹克题解新编	2022－01	58.00	1430
图论入门	2022－09	58.00	1554
新的、更新的、最新的不等式	2023－07	58.00	1650
数学竞赛中奇妙的多项式	2024－01	78.00	1646
120 个奇妙的代数问题及 20 个奖励问题	2024－04	48.00	1647
澳大利亚中学数学竞赛试题及解答(初级卷)1978～1984	2019－02	28.00	1002
澳大利亚中学数学竞赛试题及解答(初级卷)1985～1991	2019－02	28.00	1003
澳大利亚中学数学竞赛试题及解答(初级卷)1992～1998	2019－02	28.00	1004
澳大利亚中学数学竞赛试题及解答(初级卷)1999～2005	2019－02	28.00	1005
澳大利亚中学数学竞赛试题及解答(中级卷)1978～1984	2019－03	28.00	1006
澳大利亚中学数学竞赛试题及解答(中级卷)1985～1991	2019－03	28.00	1007
澳大利亚中学数学竞赛试题及解答(中级卷)1992～1998	2019－03	28.00	1008
澳大利亚中学数学竞赛试题及解答(中级卷)1999～2005	2019－03	28.00	1009
澳大利亚中学数学竞赛试题及解答(高级卷)1978～1984	2019－05	28.00	1010
澳大利亚中学数学竞赛试题及解答(高级卷)1985～1991	2019－05	28.00	1011
澳大利亚中学数学竞赛试题及解答(高级卷)1992～1998	2019－05	28.00	1012
澳大利亚中学数学竞赛试题及解答(高级卷)1999～2005	2019－05	28.00	1013
天才中小学生智力测验题.第一卷	2019－03	38.00	1026
天才中小学生智力测验题.第二卷	2019－03	38.00	1027
天才中小学生智力测验题.第三卷	2019－03	38.00	1028
天才中小学生智力测验题.第四卷	2019－03	38.00	1029
天才中小学生智力测验题.第五卷	2019－03	38.00	1030
天才中小学生智力测验题.第六卷	2019－03	38.00	1031
天才中小学生智力测验题.第七卷	2019－03	38.00	1032
天才中小学生智力测验题.第八卷	2019－03	38.00	1033
天才中小学生智力测验题.第九卷	2019－03	38.00	1034
天才中小学生智力测验题.第十卷	2019－03	38.00	1035
天才中小学生智力测验题.第十一卷	2019－03	38.00	1036
天才中小学生智力测验题.第十二卷	2019－03	38.00	1037
天才中小学生智力测验题.第十三卷	2019－03	38.00	1038

刘培杰数学工作室
已出版(即将出版)图书目录——初等数学

书　名	出版时间	定　价	编号
重点大学自主招生数学备考全书:函数	2020－05	48.00	1047
重点大学自主招生数学备考全书:导数	2020－08	48.00	1048
重点大学自主招生数学备考全书:数列与不等式	2019－10	78.00	1049
重点大学自主招生数学备考全书:三角函数与平面向量	2020－08	68.00	1050
重点大学自主招生数学备考全书:平面解析几何	2020－07	58.00	1051
重点大学自主招生数学备考全书:立体几何与平面几何	2019－08	48.00	1052
重点大学自主招生数学备考全书:排列组合·概率统计·复数	2019－09	48.00	1053
重点大学自主招生数学备考全书:初等数论与组合数学	2019－08	48.00	1054
重点大学自主招生数学备考全书:重点大学自主招生真题.上	2019－04	68.00	1055
重点大学自主招生数学备考全书:重点大学自主招生真题.下	2019－04	58.00	1056
高中数学竞赛培训教程:平面几何问题的求解方法与策略.上	2018－05	68.00	906
高中数学竞赛培训教程:平面几何问题的求解方法与策略.下	2018－06	78.00	907
高中数学竞赛培训教程:整除与同余以及不定方程	2018－01	88.00	908
高中数学竞赛培训教程:组合计数与组合极值	2018－04	48.00	909
高中数学竞赛培训教程:初等代数	2019－04	78.00	1042
高中数学讲座:数学竞赛基础教程(第一册)	2019－06	48.00	1094
高中数学讲座:数学竞赛基础教程(第二册)	即将出版		1095
高中数学讲座:数学竞赛基础教程(第三册)	即将出版		1096
高中数学讲座:数学竞赛基础教程(第四册)	即将出版		1097
新编中学数学解题方法1000招丛书.实数(初中版)	2022－05	58.00	1291
新编中学数学解题方法1000招丛书.式(初中版)	2022－05	48.00	1292
新编中学数学解题方法1000招丛书.方程与不等式(初中版)	2021－04	58.00	1293
新编中学数学解题方法1000招丛书.函数(初中版)	2022－05	38.00	1294
新编中学数学解题方法1000招丛书.角(初中版)	2022－05	48.00	1295
新编中学数学解题方法1000招丛书.线段(初中版)	2022－05	48.00	1296
新编中学数学解题方法1000招丛书.三角形与多边形(初中版)	2021－04	48.00	1297
新编中学数学解题方法1000招丛书.圆(初中版)	2022－05	48.00	1298
新编中学数学解题方法1000招丛书.面积(初中版)	2021－07	28.00	1299
新编中学数学解题方法1000招丛书.逻辑推理(初中版)	2022－06	48.00	1300
高中数学题典精编.第一辑.函数	2022－01	58.00	1444
高中数学题典精编.第一辑.导数	2022－01	68.00	1445
高中数学题典精编.第一辑.三角函数·平面向量	2022－01	68.00	1446
高中数学题典精编.第一辑.数列	2022－01	58.00	1447
高中数学题典精编.第一辑.不等式·推理与证明	2022－01	58.00	1448
高中数学题典精编.第一辑.立体几何	2022－01	58.00	1449
高中数学题典精编.第一辑.平面解析几何	2022－01	68.00	1450
高中数学题典精编.第一辑.统计·概率·平面几何	2022－01	58.00	1451
高中数学题典精编.第一辑.初等数论·组合数学·数学文化·解题方法	2022－01	58.00	1452
历届全国初中数学竞赛试题分类解析.初等代数	2022－09	98.00	1555
历届全国初中数学竞赛试题分类解析.初等数论	2022－09	48.00	1556
历届全国初中数学竞赛试题分类解析.平面几何	2022－09	38.00	1557
历届全国初中数学竞赛试题分类解析.组合	2022－09	38.00	1558

刘培杰数学工作室
已出版(即将出版)图书目录——初等数学

书　　名	出版时间	定　价	编号
从三道高三数学模拟题的背景谈起:兼谈傅里叶三角级数	2023-03	48.00	1651
从一道日本东京大学的入学试题谈起:兼谈 π 的方方面面	即将出版		1652
从两道 2021 年福建高三数学测试题谈起:兼谈球面几何学与球面三角学	即将出版		1653
从一道湖南高考数学试题谈起:兼谈有界变差数列	2024-01	48.00	1654
从一道高校自主招生试题谈起:兼谈詹森函数方程	即将出版		1655
从一道上海高考数学试题谈起:兼谈有界变差函数	即将出版		1656
从一道北京大学金秋营数学试题的解法谈起:兼谈伽罗瓦理论	即将出版		1657
从一道北京高考数学试题的解法谈起:兼谈毕克定理	即将出版		1658
从一道北京大学金秋营数学试题的解法谈起:兼谈帕塞瓦尔恒等式	即将出版		1659
从一道高三数学模拟测试题的背景谈起:兼谈等周问题与等周不等式	即将出版		1660
从一道 2020 年全国高考数学试题的解法谈起:兼谈斐波那契数列和纳卡穆拉定理及奥斯图达定理	即将出版		1661
从一道高考数学附加题谈起:兼谈广义斐波那契数列	即将出版		1662
代数学教程.第一卷,集合论	2023-08	58.00	1664
代数学教程.第二卷,抽象代数基础	2023-08	68.00	1665
代数学教程.第三卷,数论原理	2023-08	58.00	1666
代数学教程.第四卷,代数方程式论	2023-08	48.00	1667
代数学教程.第五卷,多项式理论	2023-08	58.00	1668

联系地址:哈尔滨市南岗区复华四道街 10 号　哈尔滨工业大学出版社刘培杰数学工作室
邮　　编:150006
联系电话:0451-86281378　　13904613167
E-mail:lpj1378@163.com